高分子材料与工程专业系列教材

高分子材料

钱立军　王　澜　编著

中国轻工业出版社

图书在版编目（CIP）数据

高分子材料/钱立军，王澜编著. —北京：中国轻工
业出版社，2024.1

ISBN 978-7-5184-3015-4

Ⅰ.①高… Ⅱ.①钱…②王… Ⅲ.①高分子材料-高
等学校-教材 Ⅳ.①TB324

中国版本图书馆 CIP 数据核字（2020）第 087181 号

责任编辑：杜宇芳

策划编辑：林 媛 杜宇芳 责任终审：李建华 封面设计：孙 进
版式设计：霸 州 责任校对：方 敏 责任监印：张 可

出版发行：中国轻工业出版社（北京鲁谷东街5号，邮编：100040）
印 刷：艺堂印刷（天津）有限公司
经 销：各地新华书店
版 次：2024 年 1 月第 1 版第 3 次印刷
开 本：787×1092 1/16 印张：12.25
字 数：350 千字
书 号：ISBN 978-7-5184-3015-4 定价：69.80 元
邮购电话：010-85119873
发行电话：010-85119832 85119912
网 址：http://www.chlip.com.cn
Email：club@chlip.com.cn

前　　言

　　材料发展水平是一个社会重要的文明标志。当前，材料、能源、信息、生物技术已经成为现代科学技术的基础。而材料更是现代工业发展的基础，是先进高端制造业发展的先导。高分子材料是材料领域之中的后起之秀，它的出现，推动了现代制造业的快速发展，也极大地丰富了人们的日用生活产品。

　　从 1870 年硝酸纤维素出现，到现在的高分子材料仅有 100 多年的历史，但其发展速度之快、应用范围之广，是材料历史上所少见的。

　　高分子材料主要包括塑料、橡胶、纤维、高分子复合材料、高分子涂料和黏合剂。最终进入工业应用领域的高分子材料主要由聚合物树脂和各种助剂混合组成。高分子材料学的内容涉及高分子化学、高分子物理、聚合物加工原理等基础知识。作为高等学校的专业教材，本书在讲述高分子材料基础知识的基础上，运用高分子化学、高分子物理的基本理论知识，重点从高分子材料的分子结构角度来分析解释其材料性能的特点；另外本书也为适应新的学生群体的阅读学习的特点，以凝练的语言、深入浅出的语言风格对高分子材料学知识进行分析讲解，便于学生和读者理解、掌握和应用。本书也介绍了近年来新的技术进展，以使学生和读者了解高分子材料发展动向。本书适合高分子材料与工程及其相关专业的教学使用，也是从事高分子材料加工应用技术开发人员的很全面的参考书。本书可以单独使用，也可以与《高分子材料助剂》合并使用。

　　本书由 8 章组成：第 1 章绪论、第 2 章热塑性通用塑料、第 3 章工程塑料、第 4 章特种工程塑料、第 5 章热固性树脂、第 6 章橡胶、第 7 章热塑性弹性体、第 8 章可生物降解高分子材料。

　　本书由钱立军、王澜共同撰写，在撰写和出版过程中，得到了北京工商大学、山东兄弟科技股份有限公司环境友好大分子阻燃材料工程实验室和山东省海洋化工科学研究院的支持和资助。本书是在 2008 年由中国轻工业出版社出版的王澜、王佩璋、陆晓中编著的《高分子材料》的基础上编写修订的。在编写过程中得到课题组老师和研究生的协助，对此一并感谢。在本书编写过程中，参考了书后所列的相关专业书籍和文献。由于经验不足、水平有限，所编写的内容有不妥之处恳请批评指正。

　　本书是在北京高等教育"本科教学改革创新项目"和北京工商大学本科教学改革重点项目的支持下完成的。本书出版获得了北京市长城学者培养计划项目（CIT & TCD20180312）、北京工商大学校级杰青优青培育计划项目的资助。

钱立军

2020 年 8 月

目　　录

第1章 绪 论

1.1 引 言

材料是现代制造业的基础，是科学技术发展的先导。人类社会按照能够使用的材料对社会进行了断代，包括石器时代、青铜器时代、铁器时代等，每一次关键材料的进步都推动了人类社会的迅速发展。由此可见，材料在人类社会发展史上占有极其重要的地位。

高分子材料从1909年合成第一个塑料酚醛树脂到现在已有100多年的历史，以其低密度、易加工的特点，成为现代社会的重要基础材料。

为了满足各种现代制造业和日常生活的需要，高分子材料已经发展到上千个品种，开发了包括通用塑料、工程塑料、特种工程塑料、橡胶、热塑性弹性体、热固性树脂等在内的品种繁多、性能可满足电子电气、汽车、交通运输、航空航天工业、农业和日常生活方方面面需求的高分子材料。

目前，高分子材料正向功能化、智能化、精细化、高性能化方向发展，使其由结构材料向具有独特功能的材料方向发展。

在当今社会，材料科学和新型材料技术进一步成为通用制造和现代高端制造业的基础，是现代工程材料的主要支柱，与信息技术、生物技术一起，推动着社会的不断进步。

1.2 高分子材料种类

高分子材料可以分为天然高分子材料和合成高分子材料。天然高分子材料有天然橡胶、纤维素、淀粉、蚕丝、甲壳素等；合成高分子材料的种类很多，已经成为现代制造业应用的主体，大体包括塑料、橡胶、纤维、黏合剂、涂料、聚合物基复合材料、聚合物合金、功能高分子材料、生物高分子材料等。其中，塑料约占65%，橡胶约占17%，纤维约占10%，高分子复合材料3%，高分子涂料、黏合剂占5%。

1.2.1 塑 料

塑料主要是以合成树脂为基础，加入助剂（如填料、增塑剂、稳定剂、润滑剂、交联剂及其他添加剂）制得的。按塑料的加工性，可分为热塑性塑料和热固性塑料两大类。热塑性塑料受热时熔融，可进行各种成型加工，冷却时硬化；再受热，又可熔融、加工，具有多次重复加工性，它的加工过程基本是物理变化。热固性塑料受热成型的同时发生化学的交联反应，将线形的分子交联形成立体网状结构，再受热不熔融，在溶剂中也不溶解，当温度超过分解温度时将被分解破坏，不具备可重复加工性。

塑料按来源和用途分类如图 1-1 所示。

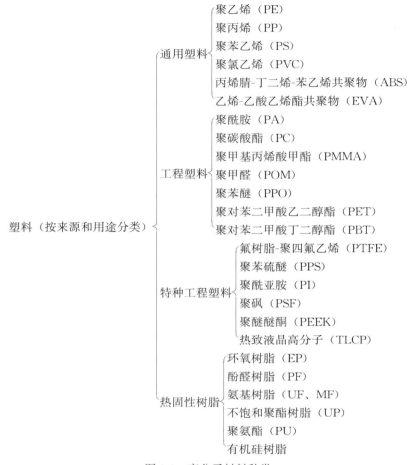

图 1-1　高分子材料种类

注：以上所列均为各树脂类别的主要品种，尚有一些用量小的品种没有全部涵盖在内。

塑料按使用范围和用途来分，又分为通用塑料、工程塑料、特种工程塑料。

通用塑料的产量大、用途广，占塑料应用量的 80% 以上。它的使用温度在 100℃ 以下，价格低，性能一般，主要用于非结构材料和生活用品上。通用塑料有聚乙烯、聚丙烯、聚氯乙烯、聚苯乙烯、丙烯腈-丁二烯-苯乙烯共聚物等。

工程塑料具有较高的力学性能，使用温度范围在 100~150℃，且可作为结构材料。通用工程塑料主要有聚酰胺、聚碳酸酯、聚甲醛、聚苯醚、热塑性聚酯等。

特种工程塑料使用温度在 150℃ 以上，力学性能更高，主要用于要求质量轻，力学性能高，代替金属材料的航空、航天等领域中，它们有聚酰亚胺、聚芳酯、聚苯酯、聚砜、聚苯硫醚、聚醚醚酮、氟塑料等。

目前，开发新树脂的速度已经明显放慢，人们把主要的精力放在对现有高分子材料的改性研究上，对高分子合金、复合材料的改性，对高分子合金的聚集态结构和界面物理化学的深入研究，对反应性共混、共混相容剂和共混技术装置的开发，大大地推进了工程塑料合金的工业化进程。通过共聚、填充、增强、合金化等途径增强高分子材料的工程化、功能化，大大提高了材料的使用价值。

1.2.2　橡　　胶

橡胶是一类具有线形柔性链的高分子聚合物，其分子链柔性好，使用温度下具有高度伸缩性和极好弹性，在较小的外力作用下能产生很大的变形，当外力取消后又能很快恢复到原来状态。

橡胶是橡胶工业的重要原料，常用于弹性材料、密封材料、减震防震材料和传动材料的制造，也可用于制造轮胎、管、带、胶鞋等各种橡胶制品，橡胶还广泛用于电线电缆、纤维及塑料改性等方面。

橡胶按其来源，可分为天然橡胶和合成橡胶两大类，主要品种如图 1-2 所示。天然橡胶是从自然界的植物中采集出来的一种高弹性材料。合成橡胶是各种单体经聚合反应合成的高分子材料。

图 1-2　橡胶种类

1.2.3　纤　　维

纤维是指长度比直径大很多，并具有一定柔韧性的形状很细的物质，可分为天然纤维、人造纤维和合成纤维。

天然纤维可从植物和动物中得到，如棉花、麻、蚕丝等。人造纤维是以天然聚合物为原料，经过化学处理与机械加工而得到的纤维，主要有黏胶纤维、铜铵纤维、乙酸酯纤维等。

合成纤维是由合成的聚合物制得，最主要的产品有聚酯纤维（涤纶）、聚酰胺纤维

（尼龙）、聚丙烯腈纤维（腈纶）三大类。这三大类纤维的产量占合成纤维总产量的90％以上。人造纤维及合成纤维，统称化学纤维。合成纤维按照化学组成分类，则可以分成聚丙烯腈纤维、聚酯纤维、聚酰胺纤维、含氯纤维、聚丙烯纤维以及特种纤维。

天然纤维具有穿着舒服、透气、保暖、环保等特点，深受人们的欢迎。合成纤维具有强度高、耐酸碱、耐磨损、质量轻、保暖性好、抗霉蛀、电绝缘性好等特点，而且用途广泛，原料丰富易得，生产不受自然条件的限制，因此发展比较迅速。

1.2.4　涂　　料

涂料是指具有保护和装饰作用的膜层材料。涂料主要由成膜物、颜料和溶剂三大部分组成。

1.2.5　黏　合　剂

一般来讲，相对分子质量不大、带有极性的高分子都可以作黏合剂。如热塑性树脂聚乙烯醇、聚乙烯酸缩醛、聚丙烯酸酯、聚酰胺类等；热固性树脂环氧树脂、酚醛树脂、不饱和聚酯等；作为黏合剂的橡胶有氯丁橡胶、丁基橡胶、丁腈橡胶、聚硫橡胶、热塑性弹性体等。

黏合剂一般是多组分体系，除了上述的树脂外还应加入助剂来完善性能，如：固化剂、促进剂、硫化剂、增塑剂、填料、溶剂、稀释剂、偶联剂、防老剂等。

高分子黏合剂的粘接方法对材料的适用范围比较宽，被粘材料无论是金属材料、无机非金属材料还是有机高分子材料都可采用黏合剂来粘接，因此高分子黏合剂的发展受到越来越广泛的重视。

1.2.6　聚合物基复合材料

复合材料是由两种或两种性质不同的材料组成的，并且组合后成为具有更好性能的多相固体材料。聚合物基复合材料是以高分子聚合物为基体，添加各种增强材料制得的一种复合材料，聚合物基复合材料加工方便，并且具有许多优异的性能，是应用最为广泛的复合材料。

1.3　高分子材料结构特性

高分子材料的力学性能与高分子链段的组成结构和分子链的聚集态结构有直接的关系。

高分子链段的结构是指单个分子链的组成和形态，即结构单元的自身特性，结构单元在链中的数量、排列以及链的几何形状，在空间的排布。

（1）分子链的组成　高分子分子链的结构单元的组成取决于聚合时所采用的原料单体，通常决定了以它为重复单元的聚合物的性能特征。聚合物的命名往往以结构单元的名称为基础。例如，由乙烯单体合成的聚合物命名为聚乙烯，以苯乙烯合成的聚合物命名为聚苯乙烯。

分子链的组成对高分子材料性能起主导作用，例如烯烃结构的聚乙烯、聚丙烯、聚苯乙烯、聚氯乙烯和聚四氟乙烯，主链单元的元素组成都是—CH_2—，所不同的是碳上的氢被甲基（—CH_3）侧基、苯环侧基、氯侧基、氟侧基取代。甲基（—CH_3）侧基使大分子刚性增加，同时主链上与甲基相连的碳上的另一个氢变得活泼，抗氧化性变差；而聚苯乙烯由于苯环侧基体积庞大，对链有僵化效应，使聚苯乙烯刚硬呈脆性；被氯侧基取代后分子链段上带有极性；被四个氟侧基取代后，氟侧基的巨大体积，造成很大的空间阻碍，有力地保护了—C—C—不受外部攻击，因此聚四氟乙烯显示了极好的耐腐蚀性能。

聚乙烯　　　聚丙烯　　　聚苯乙烯　　　聚氯乙烯　　　聚四氟乙烯

（2）分子链的形态　侧链上取代基的存在还往往容易形成结构单元的非对称性，如上述的聚丙烯、聚苯乙烯、聚氯乙烯。非对称结构在链的排序中会出现异构情况。立体异构现象对分子链的排列影响很大。等规立构和间规立构都是规整结构，规整结构的聚合物具有结晶倾向，而无规立构的聚合物不会形成晶体结构，通常是无定形的。

（3）分子链的聚集态结构　高分子材料分子链与分子链之间的聚集状态，即聚集态结构，是聚合物的主要结构参数。材料的力学性能主要取决于分子链自身性能和分子链间的相互作用强度。

固态聚合物的聚集态分为结晶态、无定形态（即非结晶态）和取向态。结晶态是指线形和支链型的大分子，如果结构简单、对称和规整有序，则在外部合适的条件下，能够在三维方向上规整的排列形成晶体结构。具有结晶结构的，或者能形成结晶结构的聚合物称为结晶性聚合物。与此相反，在一个大范围内或局部区域内，分子链排列呈无序状态，则定义为无定形态。

聚合物的结晶通常是晶区与非结晶共存的状态，结晶聚合物也是大部分结晶，少部分不结晶的状态。

结晶态和无定形态是两种不同的聚集状态，因此导致聚合物在加工、配方设计上和制品性能上的较大差异。一般来讲，结晶态聚合物的改性主要是从改变聚合物的结晶能力，即结晶度的变化、晶型变化来实现的；而无定形聚合物的改性是通过改变分子链间作用力来实现的，或改变链段的空间阻碍来实现的。二者是完全不相同的。

取向态为高分子材料所特有，由于分子链在较高温度下有自由卷曲的倾向，当对其施加外力时，分子链便会伸展，许许多多伸展的链沿力的作用方向进行有序的排列，在冷却过程中冻结下来，就形成了取向态。

取向态和结晶态都以高分子的排列有序为特征，所不同的是，结晶态是三维有序，并且是在合适的外界条件下自发生成的；而取向态只是一维或二维有序。如果作用力来自于一个方向，则分子链单向取向；如果来自同一平面互相垂直的两个方向，则分子链呈双向取向。取向是聚合物分子链在外力作用下的被动过程。

1.4　高分子材料的应用

高分子材料已经成为不可或缺的重要材料进入到人们生活和生产的各个领域，如机械、化工、纺织、建材、基础设施、电子电气、包装材料、医药卫生、文体用品、交通运输、农业水利、环保产品等，以及军工国防、航空航天等高新技术领域，发挥着越来越重要的作用。

高分子材料工业虽然仅有 100 多年的历史，但它的迅速发展是高分子材料自身的优越性能和市场需要的结果。高分子材料的应用推动了工程应用相关领域的技术进步和经济发展；另一方面，工程应用中的需要给高分子材料不断提出新的课题，促使高分子材料工业不断地技术创新，更好地适应和满足工程应用中的需要。

1.5　高分子材料的环境安全性问题

近年来，随着高分子材料被应用到生产生活中的各个方面，产量用量巨大，使用后随意丢弃现象严重，而大多数高分子材料在自然环境条件下降解缓慢，造成了环境污染问题。但我们应该注意到，污染不是高分子材料自身的问题，更大的问题在于人们环保意识不足，在使用高分子材料以后随意丢弃、垃圾分类回收意识不够造成的，也是产品回收无害化政策法规不够造成的。我们不能把责任推到高分子材料身上。高分子材料本身是无害的，在使用过程中无害，在回收再利用的过程中也是无害，最终没有使用价值的回收塑料通过焚烧发电可以实现全过程无害化。因此，高分子材料作为现代制造业重要的基础材料仍将会继续发展。而我们需要不断完善高分子材料的使用、回收和无害化处理的法规措施，使我们在享受现代工业材料带来的利益的同时，消除其产生危害的可能。

思　考　题

1. "热塑性塑料"和"热固性塑料"的定义是什么？
2. 通用塑料、橡胶、热固性树脂三者结构与性能的区别是什么？
3. 工程塑料包含哪些主要品种？
4. 涂料和纤维的基本特征是什么？
5. 简述影响高分子材料性能的结构特征有哪些。
6. 通用塑料、工程塑料、特种工程塑料的分类依据是什么？三种材料的典型结构特征区别是什么？

第 2 章　热塑性通用塑料

通用塑料是塑料中产量最大的一种。通用塑料按照受热后的性质可以分为热塑性塑料和热固性塑料。热塑性塑料加工前后仅发生物理变化，是一类加热后从玻璃态进入到可以软化流动的黏流态的塑料，具有良好的加工性能；热固性塑料在加工后发生化学变化，从线形结构转变为体形网状结构，再加热也不会熔融流动。

通用热塑性塑料通常具有较好的综合性能、一般的力学性能、产量大、价格低等特点，但是刚性、耐热性和尺寸稳定性差。

通用热塑性塑料主要品种有四大类，包括聚乙烯类树脂、聚丙烯、聚苯乙烯类树脂、聚氯乙烯类树脂。

2.1　聚　乙　烯

2.1.1　聚乙烯概述

2.1.1.1　聚乙烯简介

聚乙烯，简写为 PE（Polyethylene），是通用塑料中产量最大的品种，约占世界塑料总量的三分之一，在国民经济中占有非常重要的地位。

聚乙烯是乙烯经聚合而成的热塑性树脂，其粒料如图 2-1 所示，是无异味、无毒的乳白色颗粒（少见粉末），耐寒性好，化学性质稳定，电绝缘性好，但耐光降解和耐氧化性能较差。

$$\left[\!\!-CH_2\!\!-\!\!CH_2\!\!-\!\!\right]_n$$
PE

图 2-1　聚乙烯粒料

2.1.1.2　聚乙烯的分类

主要聚乙烯产品分类如图 2-2 所示。

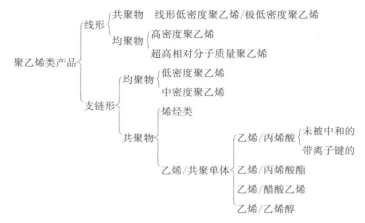

图 2-2　聚乙烯的分类

2.1.1.3　聚乙烯的一般物性

（1）外观为乳白色的蜡状固体。

（2）无异味、无毒。

（3）密度随聚合方法不同而异，为 $0.91\sim0.97g/cm^3$。

（4）非常容易燃烧，氧指数值仅为 17.4%，在低于空气的氧气浓度下可以燃烧。

（5）吸湿性小，为疏水性材料。

（6）结晶性能高，块状料呈现半透明或不透明状，但聚乙烯薄膜是透明的。

2.1.1.4　聚乙烯的发展历史

最早出现的高压法合成的低密度聚乙烯（LDPE）是英国帝国化学公司（ICI）在 1933 年发明的，1953 年德国化学家齐格勒用低压合成了高密度聚乙烯。此后，聚乙烯家族不断有新品种问世，如超高相对分子质量聚乙烯（UHMWPE）、交联聚乙烯（X-PE），美国联合碳化物公司于 1977 年发表了"LLDPE 制造线形低密度聚乙烯（LL-DPE）专利"，1991 年 Exxon 公司首次生产了 m-LLDPE。

根据 2017 年聚乙烯产业布局分析结果显示，目前，中国的聚乙烯生产能力已具备相当规模，在国内前 20 家聚乙烯生产商中，产量超越 20 万 t 的有 13 家，最大的生产企业是茂名石化、上海赛科、兰州石化、燕山石化、吉化等。尽管如此，国内的产量仍无法满足不断增长的需求，仍有 40% 以上需要进口，中国是全球最大的聚乙烯进口国。2007 年中国聚乙烯产能占全世界的 11%，需求占全世界的 20%。据中宇资讯统计数据显示，2019 年 3 月国内 PE 产量约 148.91 万 t，产量有了大幅度的提升。

2.1.2　聚乙烯的合成方法

聚乙烯是由乙烯聚合而成，而乙烯是由石油烷烃热裂解后分离精制而成，因此聚乙烯是典型的石油化工产品。

（1）低密度聚乙烯（LDPE）　采用高温高压聚合，并加入适量的有机过氧化物引发剂。高压自由基聚合历程易发生链转移，得到的聚合物存在大量支链结构。

（2）高密度聚乙烯（HDPE）　在较低压力［$(0.1\sim0.5)$MPa］下由乙烯按离子型

聚合反应历程得到的，工业上通常采用溶液聚合法，以氢为相对分子质量调节剂，汽油为溶剂，反应温度为 60～70℃。

（3）线形低密度聚乙烯（LLDPE）　它是在二氧化硅为载体的铬化合物高效催化剂，或有钛、钒为载体的铬化合物催化体系的存在下，使乙烯与少量的丁烯、己烯或者辛烯等 α 烯烃共聚。（α 烯烃是 C═C 双键在分子链端的烯烃）

（4）超高相对分子质量聚乙烯（UHMWPE）　采用低压聚合的方法，催化剂是 $AlCl(C_2H_5)_2+TiCl_4$，反应在 50～90℃、1MPa 的条件下进行。

（5）低相对分子质量聚乙烯（LMWPE）　主要有三种合成方法，乙烯聚合法、高相对分子质量聚乙烯的裂解法以及生产高相对分子质量聚乙烯时的副产物。

2.1.3　聚乙烯的品种与性能特点

（1）低密度聚乙烯（LDPE）　LDPE 带有长短不规则的支链，密度为 0.91～0.93g/cm³，结晶度通常为 55%～65%；LDPE 的结晶度低、密度低，制品柔软，透气性、透明度高，而熔点低、机械强度低。

（2）高密度聚乙烯（HDPE）　平均相对分子质量较高，支链短而且少，因此密度较高，结晶度也较高。HDPE 的密度为 0.94～0.965g/cm³，在聚乙烯中属于密度高、硬度大、阻隔性和熔点也高的品种，但是耐环境应力开裂性能差。

（3）线形低密度聚乙烯（LLDPE）　相对密度为 0.92～0.94g/cm³，其与低密度聚乙烯的区别在于 LDPE 带有长支链，LLDPE 的主链上带有短支链；LLDPE 的分子链堆积较为密集，结晶度较高，它的熔点比 LDPE 高出 10～15℃，拉伸强度、抗撕裂强度、耐穿刺性和伸长率均高于 LDPE。

（4）超高相对分子质量聚乙烯（UHMWPE）　线形分子结构，熔体黏度极高，实际上处于凝胶状态。它具有突出的高模量、高韧性、高耐磨、自润滑性优良、密度、制造成本低廉等特点，是目前发展中的高性能、低造价的工程塑料。

（5）低相对分子质量聚乙烯（PE 蜡，缩写 LMWPE）　软化温度在 80～95℃，由于相对分子质量很低，力学性能极低，一般不具有承载能力，只适宜作塑料润滑剂，蜡纸涂层。低相对分子质量聚乙烯状似石蜡，韧性优于石蜡。LMWPE 与石蜡和其他树脂相容性很好。

2.1.4　聚乙烯的结构与性能的关系

（1）分子结构组成　PE 为含有支链的线形高分子长链脂肪烃，熔点低，耐候性不好。其属于惰性聚合物，常温下耐酸、碱、盐，不溶于一般溶剂，但与脂肪烃、芳香烃和卤代烃长期接触容易溶胀或出现应力开裂。

（2）结晶性　PE 的分子结构规整、线性度高，因而易于结晶，晶型属斜方晶系。不同类型聚乙烯的结晶度不同，支链越多结晶度越低。随结晶度的提高，PE 制品的密度、刚性、硬度和强度等性能提高，但其耐冲击性能下降。

（3）分子极性　分子无极性，分子间作用力小，力学性能不高；电绝缘性好，可用作高压绝缘材料；印刷性不好。

（4）支链对其密度、结晶能力、耐光降解和氧化能力的影响

支链长而多会导致聚乙烯分子密度下降，结晶过程分子排列取向困难，支链长而多又会形成较多的叔碳原子，使其耐光降解和耐氧化能力降低。但长而多的支链在降低结晶度的同时却有助于提高聚乙烯材料柔韧性。HDPE、LDPE、LLDPE 的分子结构如图 2-3 所示。

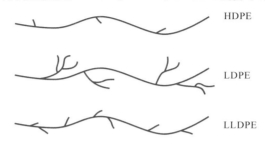

图 2-3　HDPE、LDPE、LLDPE 的分子结构示意图

支链数目的多少依次为 LDPE＞LLDPE＞HDPE

密度大小依次为 LDPE＜LLDPE＜HDPE

结晶能力大小依次为 LDPE＜LLDPE＜HDPE

耐光降解和氧化能力依次为 LDPE＜LLDPE＜HDPE

柔韧性 LDPE＞LLDPE＞HDPE

2.1.5　聚乙烯的加工方法

加工时应注意以下几点：①由于聚乙烯的吸湿性很低，在成型加工前，原料可以不必干燥。②在聚乙烯的加工中，要选择合适的熔体流动速率。③聚乙烯的结晶能力高，使制品在冷却后的收缩率高，模具温度及其分布对制品结晶度影响很大。④为了保证聚乙烯制品的性能，需要选择合适的操作条件。⑤加工过程中要尽量避免 PE 熔体和氧直接接触。⑥由于脂肪烃、芳香烃、矿物油、醇类等化学药品会造成聚乙烯制品的应力开裂，所以在 PE 原料存放或成型加工时应避免与之接触。

聚乙烯的加工方法主要有注射成型、挤出成型、吹塑成型、流延成型，还包括铸塑成型、压制成型、粉末涂层。

（1）LDPE

① 注射成型加工条件（柱塞式注射机）

料筒温度：前段，170～200℃；中段，170～200℃；后段，140～160℃；模具温度：35～65℃；注射压力：60～100MPa；保压压力：40～50MPa；注射时间：0～5s。

② 挤出成型加工条件

机筒温度：前段，120～130℃；中段，110～120℃；后段，90～100℃；机头温度：130～135℃；口模温度：130～190℃。

（2）HDPE

① 注射成型加工条件

料筒温度：前段，180～190℃；中段，180～200℃；后段，140～160℃；模具温度30～60℃；注射压力 70～100MPa；保压压力 40～50MPa；注射时间 0～5s。

② 挤出成型条件

加工温度：料筒后段 160～180℃；料筒前段 180～240℃；模头温度 170～220℃。压力：35～140MPa。

③ 挤-吹成型加工条件

温度：170～190℃，超薄薄膜温度：180～230℃。

（3）LLDPE

① 挤出成型温度：160～230℃；

② 吹膜工艺条件：机筒，165～185℃，口模，155～175℃，法兰 180～200℃；吹膜温度设定在 165～185℃，吹胀比不宜超过 3.0。

2.1.6　聚乙烯的主要应用领域

广泛应用于制造薄膜、中空制品、管材、板材、纤维和日用杂品等。

（1）薄膜类制品　薄膜类制品是 PE 最主要的用途。低密度聚乙烯广泛用作各种食品、日用品、蔬菜等轻质包装膜及农业地膜（图 2-4）、棚膜、保鲜膜等的生产，也广泛用作医药、化肥、工业品的包装内袋材料。其中 LLDPE 由于拥有较好的拉伸性和耐穿刺性、耐应力开裂性等优点，主要用于包装膜、垃圾袋、超薄地膜、保鲜膜等。

图 2-4　线形低密度聚乙烯薄膜

聚乙烯也可以用挤出法加工成复合薄膜用于包装重物；还可以在纸、铝箔或其他塑料薄膜上挤出涂覆聚乙烯涂层，制成复合材料。

但该类包装、地膜的大量使用容易导致该类制品回收困难，容易在环境中扩散且难以降解，在土壤中地膜的残留则会造成白色污染，影响植物生长发育，故应该减少此类制品的使用。

（2）中空制品　高密度聚乙烯强度较高，适合于采用吹塑法制造中空制品，比如可以用于制作各种食品包装瓶、药品瓶等（图 2-5）。

图 2-5　高密度聚乙烯瓶

（3）管材类制品　高密度聚乙烯强度较高，可以采用挤出法生产聚乙烯管材，用于地下铺设的管道（图 2-6），或者用于电线电缆护套；也可以采用挤出法制造板材，或者采用发泡挤出和发泡注射法将高密度聚乙烯制成低发泡倍率泡沫塑料，用作台板和建筑材料。

图 2-6　高密度聚乙烯管材

（4）注塑制品　PE 因良好的加工性而广泛用于注塑制品，用注射成型法生产的杂品包括日用杂品、人造花卉、周转箱、小型容器、自行车和拖拉机的零件等；电冰箱容器、存储容器、家用厨具、密封盖等；制造结构件时要用高密度聚乙烯。

（5）丝类制品　聚乙烯纤维，中国称为乙纶，圆丝采用 HDPE 为原料，而扁丝采用 HDPE 和 LDPE 为原料。乙纶主要用于生产渔网和绳索（图 2-7），或纺成短纤维后用作絮片，也可用于工业耐酸碱织物。

图 2-7　高密度聚乙烯丝类制品

（6）电缆制品　PE 广泛用于制备中高压电缆的绝缘和护套材料，以 LDPE 为主。

（7）超高强度聚乙烯纤维（强度可达 3～4GPa）　可用于制作防弹背心、汽车和海上作业用的复合材料。

2.1.7　其他聚乙烯类聚合物

2.1.7.1　茂金属聚乙烯

茂金属聚乙烯是聚合反应所用催化剂，为茂金属型的一类聚合物，英文简称 m-PE。由于茂金属催化剂有理想的单活性位点，从而能精密控制相对分子质量、相对分子质量分布、共聚单体含量及其在主链上的分布和结晶结构。茂金属聚乙烯相对分子质量高且分布窄、支链少而短、密度低、纯度高、透明性高、拉伸强度高、抗冲击性高、耐穿刺、热封温度低且范围广。

m-PE 熔体流动性差（无小分子先融化现象）、熔体强度低，其加工主要有以下方法：①加入加工助剂改善加工性能，氟类弹性体可作为内润滑剂，滑石粉、硅藻土等可作为外润滑剂。②与 LDPE 共混改进加工性。③使用 LLDPE 的加工设备，相应改变工艺条件。

m-PE 性能多样，应用广泛，主要有以下几类：①包装薄膜，具有高韧性、耐穿刺、耐撕裂、高光泽、高透明性。②农产品包装薄膜，用于阻隔水汽。③挤出涂层材料，与热封性不好的材料复合后成为热封层。④防渗片材和土工膜，作为屋顶、堤坝、水池防渗膜。⑤作为 PP 冲击改性剂。

2.1.7.2　交联聚乙烯

交联聚乙烯是通过高能辐射或化学方法在聚乙烯分子链间进行相互交联，使聚乙烯分子由线形分子结构变为三维网状结构的聚合物。

辐射交联：在光和各种高能射线下进行，常用的是 ^{60}Co 产生的 γ 射线。

$$\begin{array}{c} \text{～～}CH_2\text{—}CH_2\text{～～} \\ \text{～～}CH_2\text{—}CH_2\text{～～} \end{array} \xrightarrow{\text{辐射交联}} \begin{array}{c} \text{～～}CH_2\text{—}\overset{.}{C}H\text{～～} \\ \text{～～}CH_2\text{—}\overset{.}{C}H\text{～～} \end{array} \longrightarrow \begin{array}{c} \text{～～}CH_2\text{—}CH\text{～～} \\ \quad\quad\quad\vdots \\ \text{～～}CH_2\text{—}CH\text{～～} \end{array}$$

化学交联：采用化学交联剂使聚合物产生交联，常用的有过氧化物交联、硅烷交联、偶氮交联。

经过交联改性的聚乙烯可使其性能得到大幅度的改善，不仅显著提高了聚乙烯的力学性能、耐环境应力开裂性能、耐化学药品腐蚀性能、抗蠕变性和电性能等综合性能，而且非常明显地提高了耐温等级，可使聚乙烯的耐热温度从 70℃ 提高到 100℃ 以上，从而大大拓宽了聚乙烯的应用范围。目前，交联聚乙烯广泛应用于生产电线、电缆、热水管材、热收缩管和泡沫塑料。

2.1.7.3　氯化聚乙烯

氯化聚乙烯为 HDPE 或 LDPE 大分子中的仲碳原子上的氢原子被氯原子部分取代的一种无规聚合物，英文名称为 Chlorinated Polyethylene，简称 CPE，结构简式—$(CH_2\text{—}CH_2\text{—})_m\text{—}(CH_2\text{—}CHCl)_n\text{—}$。

CPE 含氯量大小不同，其性能差别很大。含氯量为 25%～40% 时为软性材料，含氯量大于 40% 时为硬质材料。常用的 CPE 含氯量为 30%～40%，并以含氯量 35% 的 135A 和含氯量为 40% 的 140B 两个牌号最为常用。

PE 中氢原子被氯原子部分取代，大分子的规整性被破坏，结晶能力降低，CPE 制品的柔软性提高，成为弹性体类材料。此外，CPE 具有优异的抗冲击性能、阻燃性能（氧指数为 27%），且耐候性、耐油性、耐酸碱性和耐臭氧老化性优良，耐磨性高，电绝缘性好，可在 120℃ 温度下长期使用。

CPE 常用加工方法：

① 直接加工：可用注塑、挤出、压延等方法成型，制品如压延法生产防水卷材和用挤出法生产门窗用密封条等。直接加工可不加交联剂，但需加入稳定剂、增塑剂和填料等。

② 硫化加工：加工时需在 CPE 中加入交联剂、稳定剂、增塑剂和填充剂等。

CPE 主要用途：

可用于硬质 PVC、PE 及 ABS 的共混材料，主要改善其抗冲击性能和阻燃性能。此外，还可用于共混物的相容剂。

2.1.7.4　乙烯-丙烯酸乙酯共聚物

乙烯-丙烯酸乙酯共聚物（Ethylene-Ethylacrylate copolymer，简称 EEA）是乙烯和丙烯酸乙酯（EA）通过自由基共聚得到的无规共聚物，其分子结构式如下：

$$\left[CH_2-CH_2\right]_n\left[CH-CH_2\right]_m$$
$$\underset{O\quad O-C_2H_5}{\overset{C}{|}}$$

共聚物中 EA 的含量一般为 15％～30％（质量分数），EA 的存在使 EEA 具有高温稳定且低温柔软的特点，它是聚烯烃族中具有最好的韧性和柔顺的树脂之一。高 EA 含量时 EEA 具有很高的极性，从而增加了其表面对油墨的吸附性和与其他材料的黏结性；EA 含量的增加使它的使用温度上限略有降低，透明性变差。

EEA 具有优良的耐应力开裂性、耐冲击性和弯曲疲劳特性，可经受 50 万次弯折；具有较好的低温性能，较大的填料包容性和较低的熔点，可加入 30％的填料；具有较高的热稳定性，它的热分解物不腐蚀设备，因此它比 EVA 更易于加工。

EEA 主要应用于热熔胶、低温密封材料、软管、层压片、多层膜、注塑/挤出制件和电线电缆料等，也可与其他聚合物共混改进低温柔性抗冲击性及耐环境应力开裂性。

2.1.7.5　乙烯-丙烯酸甲酯共聚物

乙烯-丙烯酸甲酯共聚物是乙烯和丙烯酸甲酯（MA）通过自由基共聚得到的无规共聚物，简称 EMA，其分子结构式如下：

$$\left[CH_2-CH_2\right]_n\left[CH-CH_2\right]_m$$
$$\underset{O\quad O-CH_3}{\overset{C}{|}}$$

EMA 中丙烯酸甲酯含量一般为 18％～24％；与 LDPE 相比，MA 的加入使共聚物的维卡软化点降低到大约 60℃，弯曲模量降低，耐环境应力开裂性能（ESCR）明显改善，介电性能提高。同时 EMA 也具有良好的耐大多数化学药品的性能，但不适合在有机溶剂和硝酸中长期浸泡。

2.1.7.6　乙烯-丙烯酸类共聚物

乙烯-丙烯酸类共聚物是乙烯与丙烯酸（AA）或甲基丙烯酸（MAA）共聚生成含有羧酸基团的共聚物，乙烯-丙烯酸共聚物简称 EAA，乙烯-甲基丙烯酸共聚物简称 EMAA，分子结构式如下：

$$\left[CH_2-CH_2\right]_n\left[CH-CH_2\right]_m \qquad \left[CH_2-CH_2\right]_n\left[\overset{CH_3}{\underset{}{C}}-CH_2\right]_m$$

EAA　　　　　　　　　　EMAA

随着羧酸基团含量的增加，共聚物结晶度降低，光学透明性提高，熔体强度增强，密度和黏结性增加。

EAA 共聚物是柔软的热塑性塑料，具有和 LDPE 类似的耐化学药品性和阻隔性能，它的强度、光学性能、韧性、热黏性和黏结力都优于 LDPE。

EAA 薄膜用于表面层和黏结层，用作肉类、乳酪、休闲食品和医用产品的软包装；挤出和涂覆的应用有涂敷纸板、消毒桶、复合容器、牙膏管、食品包装和作为铝箔与其他聚合物之间的黏合层。

2.1.7.7　乙烯-乙烯醇共聚物

乙烯和乙烯醇共聚物（Ethylene-vinyl alcohol copolymer，简称 EVOH）是乙烯和醋酸乙烯酯共聚物水解得到的聚合物，结构简式—$(CH_2—CH_2—)_m$—$(CH_2—CHOH)_n$—。

EVOH 共聚物是高度结晶的材料，它的性能与共聚单体的相对组成密切相关。

当乙烯含量低于 42% 时，EVOH 结晶为单斜晶系，其晶体较小，排列紧密，与聚乙烯醇（PVOH）类似。这时的 EVOH 对气体的阻隔性很好，热成型的温度也比 PE 高。

当乙烯含量在 42%～80% 时，EVOH 结晶为六方晶，晶体比较大，也比较疏松，气体渗透率比较高，但热成型温度相对较低。

EVOH 共聚物具有卓越的气体阻隔性，优良的耐有机溶剂性、光学性能；容易印刷，不需进行表面预处理；具有高的力学强度、弹性、表面硬度、耐磨性和耐候性，而且具有良好的抗静电性，可作为电子产品的包装。

EVOH 粒料可直接用来共挤制复合薄膜或片材，它的加工性能与 PE 类似。复合薄膜或片材一般将 EVOH 层放在中间，而常常采用 PE 或 PP 这样具有高度湿气阻隔性的材料作为复合薄膜的外层，以便更有效地发挥 EVOH 的作用。

思　考　题

1. 从分子结构上分析 LDPE、HDPE、LLDPE 性能上的区别。

2. 请指出在下列制品或用途中应选用哪种聚乙烯类树脂：地膜、棚膜、食品袋、热溶胶、塑料窗密封条、高阻隔瓶。

3. 聚乙烯最大用途是什么？由于它的什么性能特点使它在该领域被广泛采用？

4. 交联聚乙烯的主要有几种制备方法？

5. EVOH 是什么单体与乙烯的共聚物？EVOH 最典型的性能特征是什么？

2.2　聚　丙　烯

2.2.1　聚丙烯概述

2.2.1.1　聚丙烯简介

聚丙烯是用途最为广泛的通用型热塑性塑料。聚丙烯是由丙烯单体经自由基聚合而成的聚合物，英文名 Polypropylene，简称 PP。与聚乙烯相比，聚丙烯在脂肪主链上具有规则的甲基侧基，是聚丙烯与聚乙烯性能不同的主要结构因素，其分子结构式如下：

$$\begin{matrix} \text{---CH}_2\text{---CH---}_n \\ | \\ \text{CH}_3 \end{matrix}$$

PP

2.2.1.2　一般物性

（1）外观呈乳白色蜡状物（图 2-8），近似 PE，但比 PE 更透明、更轻。

（2）无毒、无异味。

（3）密度在通用树脂中最低，为 $0.89\sim0.92g/cm^3$。

（4）吸水性低，气体透过率低。

（5）易燃。

图 2-8　聚丙烯粒料

2.2.1.3　发展历史

PP 自 1957 年由意大利 Montecatini 公司首先实现工业化生产，目前已成为发展速度最快的塑料品种，在所有塑料品种中，产量位居第三，仅次于聚乙烯和聚氯乙烯。目前世界上生产量较大的有 Exxon、Phillips 及 Shell，日本的三菱、三井、住友，德国的 BASF 和英国的 ICI 等。2018 年和 2019 年中国的聚丙烯产量 170 多万吨。

2.2.2　聚丙烯的合成工艺

采用改进的齐格勒纳塔催化剂进行阴离子型的定向配位聚合，通过气相本体聚合、淤浆聚合、液态本体聚合等方法而制成。

$$H_3C\text{---CH}=\text{CH}_2 \xrightarrow{TiCl_3+Al(C_2H_5)_3} \begin{matrix} \text{---CH}_3\text{---CH---}_n \\ | \\ CH_3 \end{matrix}$$

2.2.3　聚丙烯的品种与性能特点

按结构不同，PP 可分为等规、间规（又称茂金属 PP）及无规三类。目前应用的主要为等规 PP，用量可占 90％以上。三类 PP 的特点如下：

（1）等规 PP 的结构规整性好，结晶性能好，熔点高，硬度和刚性大，力学性能优异。

（2）无规 PP 为无定形，强度很低，难以用作塑料，常用于改性载体。

（3）间规 PP 为低结晶聚合物，用茂金属催化剂生产，间规 PP 具有透明、韧性和柔性，刚性和硬度只为等规 PP 的一半，但抗冲击性能好。

2.2.4　聚丙烯的结构与性能的关系

与聚乙烯相比，聚丙烯在脂肪主链上具有规则的甲基侧基，是聚丙烯与聚乙烯性能不同的主要结构因素。

（1）熔点　甲基的存在能使主链刚硬性得到加强，使聚丙烯熔点提高，同时又能干扰大分子的对称性，使聚丙烯熔点降低。

（2）结晶性　PP 为线性结晶结构。相对分子质量低、结晶度高、球晶尺寸大时，制品的刚性大而韧性低。结晶度越高，制品的透明性越差，但拉伸强度越高。等规聚丙烯由熔融状态经过缓慢冷却，能形成球晶。球晶尺寸大则制品的冲击强度低、耐低温性差、透明性差，而小球晶则正相反。可以通过改变熔体温度、冷却速度或添加成核剂等方法控制聚丙烯球晶的大小。

PP 非晶部分密度为 $0.851g/cm^3$，结晶部分为 $0.935g/cm^3$，结晶度越高，密度就越大。

聚丙烯制品的晶体属球晶结构，具体形态有常见的 α 晶型，熔点 176℃；骤冷或用 β 成核剂形成的 β 晶型，熔点 147℃；特定条件形成的 γ 晶型，熔点 150℃ 和骤冷形成的拟六方晶型，不同晶型聚丙烯制品在性能上有差异。

（3）力学性能　PP 具有较好的力学性能，拉伸强度和刚性都比较好，但冲击强度强烈依赖于温度的大小，在室温以上冲击强度较高，但是低温时耐冲击性差。此外，如果制品成型时存在取向或应力，冲击强度也会显著降低。

（4）电绝缘性　PP 为非极性类聚合物，具有优异的电绝缘性能，且 PP 吸水性极低，电绝缘性不会受到潮湿环境的影响。PP 的介电常数、介质损耗因数都很小，不受频率及温度的影响；介电强度很高，且随温度上升而增大；表面电阻很高，在一些场合使用必须先进行抗静电处理。

（5）热性能　在五大通用塑料中，PP 的耐热性是最好的。PP 塑料制品可在 100～120℃ 下长时间工作，可用于热水输送管道；在使用成核剂改善 PP 的结晶状态后，其耐热性还可进一步提高，甚至可以用于制作在微波炉中加热食品的器皿。PP 的线膨胀系数较大，为 $(5.8～10.2)×10^{-5}K^{-1}$；热导率中等，为 $0.12～0.24W/(m·K)$。

（6）耐候性　PP 中甲基的存在，使分子链上交替出现叔碳原子，而叔碳原子极易发生氧化反应，导致 PP 的耐氧化性和耐辐射性差，难以用于户外。其与 PE 在特定温度下的氧化速度如图 2-9 所示，因此 PP 使用时需加入抗氧剂和光稳定剂。

（7）有机溶解性　由于 PP 是非极性结晶型的烷烃类聚合物，化学稳定性优异，对大多数酸、碱、盐、氧化剂都显惰性。对极性溶剂十分稳定，如醇、酚、醛、酮和大多数羧酸都不会使其溶胀，但在部分非极性有机溶剂中（低相对分子质量的脂肪烃、卤烃

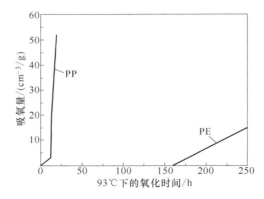

图 2-9　未加稳定剂的 PP 和 PE 在 93℃时氧化速度比较

及芳烃等）容易溶胀。

2.2.5　聚丙烯的加工方法

PP 的吸水率低，加工前不必干燥处理。

PP 的成型加工流动性良好，特别是当熔体流动速率较高时熔体黏度更小，适合于大型薄壁制品注塑成型。PP 熔体接近非牛顿流体，黏度对温度不敏感，对剪切速率敏感。

PP 可用注塑、挤出及吹塑等方法成型加工。不同的成型方法和制品应选用熔体流动速率不同的 PP 树脂，见表 2-1。

表 2-1　　　　　　　　不同的成型方法和制品所选用的熔体流动速率范围

熔体流动速率/(g/10min)	成型方法	制品	熔体流动速率/(g/10min)	成型方法	制品
0.15～0.85	挤出	管、板、棒	1～15	注塑	注塑件
0.4～1.5	中空吹塑	瓶	8～12	吹塑	薄膜
1～3	双向拉伸	薄膜	15～20	纺丝	纤维
1～8	挤出	丝类			

注射成型条件为：温度，200～250℃；压力，40～70MPa；模具温度，40～60℃。
挤出-拉伸成型条件：挤出温度，180～280℃；拉伸倍数，纵向 5～8 倍，横向 6～8 倍；热处理温度，120～160℃。

PP 挤出制品可进行单、双向拉伸，拉伸倍率可达 3 倍以上；拉伸后 PP 制品的强度、冲击性、透明性、耐热性、表面光泽和阻隔性都有明显的提高。

加工注意事项：

① PP 属结晶类聚合物，成型收缩率大，一般可达 1.6%～2%，冷却条件对结晶度影响较大。

② PP 在加工中易产生取向。

③ PP 制品对缺口较敏感。

④ PP 在高温下对氧特别敏感，需要添加抗氧剂。

2.2.6　聚丙烯的主要应用领域

PP 质轻、价格低廉、综合性能良好，易于成型加工，应用广泛。

（1）注塑制品　注塑制品可占 PP 用量的一半左右，日用品以普通 PP 为原料，汽车配件以增强或增韧 PP 为原料，其他用途以高冲击强度和低脆化温度的 PP-C 原料为主。

可用于制造汽车用内饰件、食品储存容器等各类日用品、家电外壳、医用 PP 注射制品、座椅、休闲设施等，如图 2-10 所示。

图 2-10　聚丙烯的注塑制品

（2）薄膜制品　PP 薄膜可用流延法和吹塑法生产，可分为吹塑薄膜（IPP）、不拉伸的流延膜（CPP）和双向拉伸薄膜（BOPP）。双向拉伸薄膜 BOPP 有更高的强度、阻隔性和透明性，多用于食品药品包装、香烟和高级衣物包装等。

PP 膜的电绝缘性能好，经过热定形处理的定向薄膜可用作电容器和变压器的绝缘材料。

流延膜生产成本较低，主要用于包装纺织品、医疗用绷带的非胶粘面、缝合用品和覆盖物等（图 2-11）。

图 2-11　聚丙烯的薄膜制品

（3）纤维制品　用于纺织品的 PP 纤维（图 2-12）都是均聚物，PP 纤维制品主要包括单丝、扁丝和纤维三类。

PP单丝的密度小、韧性好、耐磨性好，适于生产绳索和渔网等。

PP扁丝拉伸强度高，具有防潮、高强等特点，适于生产编织袋以代替麻袋，可用于包装化肥、水泥、粮食、食糖、矿物粉及化工原料等。

PP纤维广泛用于地毯、毛毯、衣料、蚊帐、人造草坪、人造毛、滤布、无纺布等。

图 2-12　聚丙烯纤维制品

（4）挤出制品　以PP-R为原料制造PP管及管件（图2-13），管材与管件用热熔法联接。

PP片材以PP/PE共混物为原料，主要用于制造水杯、工艺品等吸塑制品。

PP可用于制作棒、板等制品，板材可用于生产汽车挡泥板、汽车座椅、马达和泵的壳体、液体储槽等。

图 2-13　聚丙烯制备的管材

（5）中空制品　PP中空制品的透明性和力学性能较好，主要用作包装洗涤剂、化妆品和药品等，与阻隔材料复合可用于食品酱油、液体燃料和化学试剂等的包装（图2-14）。

图 2-14　聚丙烯的中空制品

2.2.7　其他聚丙烯类聚合物

PP 虽有许多优良的性能，但 PP 低温脆性大、收缩率大的缺陷限制了其应用。为了克服这些缺陷，目前采用了许多方法对 PP 进行改性，出现了 PP 共聚物、PP 合金、填充和增强 PP、高熔体强度 PP 等。

（1）茂金属 PP（m-PP）　m-PP 的合成与 m-PE 相似，以茂金属为催化剂，可生产具有高等规度的超高刚性的等规 PP 和高透明的间规 PP。与普通 PP 相比，m-PP 的流动性能好、熔点低，透明性、光泽和韧性优异。

（2）共聚 PP　PP 的共聚物为丙烯单体与乙烯单体的共聚物，按乙烯单体在分子链上的分布方式，可分为无规共聚物（PP-R）和嵌段共聚物（PP-B）两种。

无规共聚物 PP-R 的乙烯含量为 1%～7%，乙烯分子无规地插入到聚合物链的丙烯分子中，阻碍了 PP 的结晶，使其性能发生了改变，其结晶度和熔点低于均聚 PP，柔性、透明性高于均聚 PP。用于需要柔韧、透明和热封性的制品，如高透明薄膜、上水管和供暖管。

嵌段共聚物 PP-B 为丙烯和乙丙橡胶的嵌段共聚物，乙烯含量为 5%～20%，乙烯共聚单体是在后一聚合段加入的，形成了在均聚物母体中分散的乙丙橡胶相。抗冲击强度、刚性均高于无规共聚物，但刚性和耐热性一般低于均聚物。主要用于汽车内装修的注塑件、空调内衬、大型容器、周转箱、中空吹塑容器、机械零件、电线电缆包覆制品等。几种 PP 的性能如表 2-2 所示。

表 2-2　　　　　　　　　　　　PP、PP-B 和 PP-R 的性能比较

性能	PP	PP-B	PP-R	性能	PP	PP-B	PP-R
热变形温度/℃	110	95	105	拉伸强度/MPa	37	25	30
脆化温度/℃	−8	−20	−10	洛氏硬度	90	60	80
冲击强度/(kJ/m^2)	3.5	10	6				

（3）增强 PP　增强 PP 常用玻璃纤维为增强材料，为了得到好的增强效果，要求玻纤与 PP 树脂之间有好的黏结性，玻纤的长度要有所保留。玻纤增强 PP 材料不仅保

留了 PP 原有的优良性能，还使拉伸强度、耐热性、刚性、硬度、耐蠕变性、线膨胀系数、成型收缩率等性能明显改善，可使拉伸强度提高一倍，热变形温度提高 50％，线膨胀系数降低一半。

（4）填充 PP　PP 最常用的填充材料有碳酸钙、滑石粉、云母及木粉等，填充前需对填料进行偶联剂活化处理，以提高相容性。

填充 PP 在密度、刚性、硬度、热变形温度、耐蠕变性、成型收缩率及线膨胀系数等方面有所改善，但拉伸强度、冲击强度及断裂伸长率有所下降。

（5）共混 PP　PP 合金主要为改善 PP 的低温抗冲击性能，PP 可以与其他高分子材料进行共混改性，如 PP/POE、PP/EPDM（EPR）、PP/mPE、PP/HDPE、PP/PA 等。

（6）氯化 PP　氯化聚丙烯的英文名称为 Chlorinated Polypropylene，简称 CPP。CPP 的阻燃性、硬度、耐磨性、耐酸性、耐热、耐光、耐老化性及粘接性都好于普通PP，熔点为 100～120℃。氯化 PP 主要用于涂料、薄膜等原料。

（7）高熔体强度聚丙烯　通过对聚合后的 PP 树脂进行辐射改性，使其形成具有长支链的结构，从而使得树脂在熔融状态下具有较高的熔体强度。其拉伸黏度随剪切应力和时间的增加而增加，这种应变硬化行为有利于高质量发泡 PP 的制备。

（8）透明聚丙烯　普通 PP 因其固有的结晶性，制品的透明性不好，但加入增透剂可改善 PP 的透明性。如一种以山梨糖醇为基础的透明性改进剂，使聚合物晶粒变得更小，更分散，从而降低了光散射，降低了雾度，提高了透明性。这种透明性改进剂也是一种成核剂，加入量一般为 0.1％～0.4％，

近年来透明 PP 的市场应用越来越广泛，用于医疗器械、透明包装、家庭用品等方面。

思　考　题

1. 从 PP 分子的空间构象分析，PP 聚合物应分为几种？
2. 不同加工冷却条件生产的 PP 制品的性能有何不同？
3. PP-R、PP-B、增强 PP 以及普通的 PP 有何区别？应用范围是什么？
4. PP 与 PE 相比性能的典型区别是什么？为什么具备这样的区别？
5. 如何制备增强 PP？增强 PP 在哪些性能上获得了改变？
6. 聚丙烯结晶过程中的球晶形态比例对聚丙烯材料性能的影响规律是什么？如何通过调节结晶形态提高聚丙烯的抗冲击强度？
7. 如何改变聚丙烯的低温抗冲击性能？

2.3　其他的烷基侧链聚烯烃

2.3.1　聚 1-丁烯概述

2.3.1.1　聚 1-丁烯的简介

聚 1-丁烯是半结晶性、高相对分子质量聚烯烃树脂，是由 1-丁烯均聚或 1-丁烯与

乙烯共聚制得，英文名称 1-Polybutene，简称 PB。聚 1-丁烯具有柔性、韧性、抗应力开裂性和耐蠕变性，很适合用作管材，其结构式如下：

$$\left[CH\!\!-\!\!CH_2\right]_{\overline{n}}$$
$$\begin{array}{c} | \\ C_2H_5 \end{array}$$

PB

2.3.1.2　聚 1-丁烯的性能

（1）类似于聚乙烯、聚丙烯的优异介电、电绝缘性能。

（2）优异的抗蠕变性、抗冲击性和耐环境应力开裂性，良好的耐寒性。

（3）良好的化学稳定性和耐溶剂性。

（4）较好的耐热性，热变形温度为 113℃，无载荷下最高连续使用温度为 108℃。

（5）优良的耐磨性和抗挠曲性。

（6）较高的填料填充性。

2.3.1.3　聚 1-丁烯的制备

聚 1-丁烯的制备可以采用与聚丙烯类似的方法，采用齐格勒-纳塔催化剂进行离子型络合配位，相对分子质量在 7 万～30 万，反应如下：

$$nCH_3\!\!-\!\!CH_2\!\!-\!\!CH\!=\!\!CH_2 \xrightarrow[40\sim50℃常压]{} \left[CH\!\!-\!\!CH_2\right]_{\overline{n}}$$
$$\begin{array}{c} | \\ C_2H_5 \end{array}$$

2.3.1.4　聚 1-丁烯的结构与性能

聚 1-丁烯分子链上交替地连接着侧乙基，其结果：一方面由于空间位阻效应使分子链刚性增大，另一方面由于乙基体积较大，使分子链之间距离增大，减小了分子链之间的作用力，降低了结晶度，有利于使分子链变得更柔韧。两种效应的净结果反而使聚 1-丁烯分子链柔性比聚丙烯好一些。

聚 1-丁烯具有两种晶型。聚 1-丁烯的分子链空间排列亦呈立体螺旋结构，由三个单体单元构成一个螺距。

2.3.1.5　聚 1-丁烯的加工性能

聚 1-丁烯的加工性能介于 HDPE 和 PP 之间，可在加工普通聚烯烃的设备上进行注射、吹塑、挤出加工。

（1）熔融加工温度范围在 160～240℃。

（2）吸水率低，仅 0.01%，不需对粒料预先进行干燥。

（3）成型收缩率大于聚丙烯，低于聚乙烯。

（4）挤出时具有较强的出口膨胀效应，比聚乙烯、聚丙烯更明显。

（5）成型后制品应时效处理不少于一周，以便获得结构稳定的第二晶型。

2.3.1.6　聚 1-丁烯的应用

聚 1-丁烯广泛用作管材、管件（图 2-15），供工业、民用、建筑等方面应用。聚 1-丁烯管材在保证同样应用性能的同时，比聚乙烯、聚丙烯管材壁厚可减小，加之聚 1-丁烯本身具有良好的抗挠曲性，因此管材具有良好的柔韧性和盘绕性，使用、安装都很方便，使其应用范围比聚乙烯、聚丙烯管材更广。

图 2-15　聚 1-丁烯管材

聚 1-丁烯也广泛用于薄膜（图 2-16），其韧性、强度、抗撕裂性皆优异，越来越多地用于热灌装液体袋、散装货物容器的衬里和其他的薄膜使用，也可在多层膜中提供耐热性能或起相容层的作用。

图 2-16　聚 1-丁烯薄膜

聚 1-丁烯也可用作聚合物改性剂、热熔黏合剂和密封剂等。

聚 1-丁烯的价格比较昂贵，主要是由于单体成本昂贵，限制了它的大量应用。

2.3.2　聚 4-甲基-1-戊烯

聚 4-甲基-1-戊烯简称 PMP，是高度透明的轻质塑料，有很多优良的性能，具有作为优质膜材料的潜力。

2.3.2.1　单体与聚合

PMP 是以丙烯的二聚体 4-甲基-1-戊烯作单体，采用齐格勒-纳塔催化剂，在常压和略高于室温的条件下对单体进行络合配位聚合，聚合时将单体、催化剂溶于烃类溶剂中进行溶液聚合，得到立体等规的聚合物，其反应式如下：

$$2CH_3-CH=CH_2 \xrightarrow[0.1\sim10MPa]{40\sim205℃} CH_3-\underset{\underset{CH_3}{|}}{CH}-CH_2-CH=CH_2$$

$$CH_3-\underset{\underset{CH_3}{|}}{CH}-CH_2-CH=CH_2 \xrightarrow[常压]{30\sim60℃} \underset{\underset{\underset{\underset{CH_3}{|}}{CH}}{\underset{|}{CH_2}}}{+CH-CH_2+_n}$$

2.3.2.2　聚 4-甲基-1-戊烯的结构与性能

聚 4-甲基-1-戊烯是等规结构，可以结晶，在缓慢冷却条件下结晶度可达 65%，一般情况下结晶度可达 40%。虽然属于半结晶型聚合物，却是高度透明的材料，折射率为 1.463，透光率介于 PMMA 和 PS 之间，达 90%。由于聚 4-甲基-1-戊烯的晶区与非晶区的密度很接近，折射率也很接近，透光率不随加工中冷却条件而变，因此厚薄制品透光性相似。

聚 4-甲基-1-戊烯的侧异丁基体积大，使得分子间距离较大，造成其密度小，仅为 0.83g/cm³，是塑料中最轻的。

聚 4-甲基-1-戊烯由于主链上有笨重的侧异丁基，使分子链刚性提高，玻璃化温度和熔融温度比聚乙烯均有大幅度提高，玻璃化温度在 50～60℃，纯聚 4-甲基-1-戊烯均聚物熔点为 245℃。当与少量其他 α-烯烃共聚时，结晶度、熔融温度皆会有所降低。

2.3.2.3　聚 4-甲基-1-戊烯的加工

聚 4-甲基-1-戊烯的加工性能：

(1) 吸湿率极小，不超过 0.01%，成型加工前无须干燥。

(2) 熔体具有典型的假塑性体特征，黏度对剪切速率很敏感，对温度也很敏感，熔体本身黏度也很小。

(3) 由于具有结晶性，收缩率变化范围也较大，在 1.5%～3.0%。

(4) 熔融加工温度范围较小，一般控制在 270～300℃。

(5) 可以采用注塑、挤出、吹塑、热成型等工艺方法成型加工。注塑、挤出成型时，应采用高压缩比的螺杆。

2.3.2.4　聚 4-甲基-1-戊烯的应用

如图 2-17 所示，聚 4-甲基-1-戊烯可用于制备透明的医疗设备、器械和用具；制备化工厂的透明容器和管道；制备仪器仪表中的耐热透镜、视镜；制备汽车内照明设备、器件；制备要求加热的食品容器；制备透明包装薄膜。

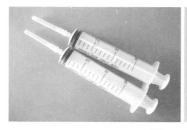

图 2-17　注射器、耐热透镜、汽车内照明设备

思　考　题

1. 聚 1-丁烯的性能特点和应用是什么？

2. 从聚 4-甲基-1-戊烯的分子结构说明其性能特点。

2.4 聚苯乙烯

2.4.1 聚苯乙烯概述

2.4.1.1 聚苯乙烯命名与结构

聚苯乙烯是指由苯乙烯单体经自由基聚合的聚合物，英文名称为 Polystyrene，简称 PS，其分子结构式为：

PS

2.4.1.2 一般物性

（1）外观 无色透明（图 2-18），透光率可达 88%～90%。

图 2-18 聚苯乙烯原料

（2）有残留苯乙烯单体的味道。

（3）相对密度在 1.04～1.07。

（4）尺寸稳定性好。

（5）收缩率低。

（6）易燃。

2.4.1.3 发展历史

1829 年，德国人第一次从天然树脂中提取出聚苯乙烯；1930 年，德国 BASF 开始商业化生产聚苯乙烯；1934 年，美国 Dow 开始在美国生产聚苯乙烯；1954 年，Dow 开始生产聚苯乙烯泡沫塑料。

随着人民生活品质的提高，对聚苯乙烯产品的消费档次不断提升，聚苯乙烯的市场需求有所增长。2016 年国内 PS 产量为 220.78 万 t，2017 年为 243.13 万 t，2018 年为 256.24 万 t。近年来我国聚苯乙烯产能呈现稳定的态势，2018 年聚苯乙烯行业年产能为 339 万 t。主要生产厂家有：镇江奇美化工有限公司、江苏中信国安新材料有限公司、上海赛科石油化工有限责任公司、台化聚苯乙烯有限公司、扬子石化公司、道达尔石化有限公司。PS 的主要用途为包装产品（约占 50%），透明产品（约占 40%），注塑制品（约占 10%）。

2.4.2 聚苯乙烯的合成工艺

PS 可以在引发剂或催化剂存在下按自由基机理或离子型机理进行聚合。工业化生产的聚苯乙烯是用引发剂按自由基机理进行聚合的。聚合的实施可以是本体聚合、悬浮聚合、溶液聚合或乳液聚合。

2.4.3 聚苯乙烯的品种与性能特点

PS 的三种结构形式包括无规 PS、间规 PS 和等规 PS。

（1）无规 PS 刚性高，加工性好；缺点是低温韧性差、抗冲击性能低和热变形温度低。

（2）间规 PS 为茂金属催化，力学性能比普通苯乙烯大大提高，与尼龙和聚甲醛等工程聚合物相似。

（3）等规 PS 高度结晶，高熔点，但结晶速度慢，工业上无实际意义。

2.4.4 聚苯乙烯的结构与性能的关系

（1）PS 的大分子主链为饱和烃类聚合物，呈现化学惰性；侧基为体积大的苯环，分子结构不对称，大分子链运动困难，使 PS 呈现刚性和脆性，制品易产生内应力，而且侧苯基易于受到氯化、氢化、磺化、硝化，耐酸侵蚀，但不耐氧化酸和氧化剂侵蚀，易氧化降解、变色老化。

（2）PS 无定形，不结晶，其透光率可达 90% 以上，透明度可达 88%～92%，具有高透射性和高折射率。

（3）由于 PS 是非极性聚合物，因此具有良好的电绝缘性和介电性能。

（4）PS 大分子链段间的聚集规整性较低，基团间和分子间相互作用力小，因而耐热性低，热导率低，基本不随温度变化，绝热保温性能良好。

2.4.5 聚苯乙烯的加工方法

（1）加工前预干燥 在温度 65～85℃热风循环干燥箱处理 2～3h。

（2）注射成型 加工条件：成型温度 180～220℃，注射压力 30～150MPa，模具温度 40～70℃。

（3）挤出成型　加工条件：挤出温度 150～200℃。

（4）发泡成型　可以采用可发性 PS 树脂（EPS）为原料，经过预发泡、熟化处理、模压成型，得到 PS 产品；也可以用通用 PS 为原料，采用一步挤出方法，直接将发泡剂与 PS 混合好挤出或在挤出熔融段将物理发泡剂注入 PS 熔体内，挤出发泡、冷却即可。

2.4.6　聚苯乙烯的主要应用领域

PS 的主要用途为包装产品 50％、透明产品 40％、注塑制品 10％。主要用于聚苯乙烯泡沫包装盒、建筑保温材料（图 2-19）、器具、电器制品、家具等。

图 2-19　聚苯乙烯制备的泡沫板材

2.4.7　改性聚苯乙烯-高抗冲聚苯乙烯

2.4.7.1　高抗冲聚苯乙烯简介

由于聚苯乙烯的脆性大，因而开发了具有优异抗冲击性能的 PS 品种，高抗冲聚苯乙烯。

高抗冲聚苯乙烯的英文名称为 High Impact Polystyrene，简称 HIPS（图 2-20）。HIPS 实质为 PS 的一个冲击改性品种，具体组成为 PS 和聚丁二烯橡胶。按 HIPS 改性幅度的大小可分为中抗冲 PS（含有 2％～5％的橡胶）、高抗冲 PS（含有 6％～12％的橡胶）和超高抗冲 PS 三类。其制备方法有两种，分别为机械共混法和接枝聚合法。

图 2-20　HIPS 粒料

2.4.7.2　一般物性

（1）外观为不透明白色粒料。

（2）热塑性树脂。

（3）有残留苯乙烯的味道。

（4）硬质材料、成型后尺寸稳定性良好。

（5）有优秀的高介电性绝缘性。

（6）低吸水性材料。

（7）其光泽性良好。

2.4.7.3　制备方法

（1）机械共混法　共混法制备 HIPS 采用的橡胶主要有丁苯胶、顺丁胶、苯乙烯-丁二烯-苯乙烯（SBS）等。把聚苯乙烯和橡胶按比例配好，在挤出机、捏合机或双辊炼塑机中共混。

橡胶主要为丁苯橡胶、顺丁橡胶等。橡胶的用量一般为 10%～20%。由于两种聚合物的相容性有限，橡胶相在聚苯乙烯相中分散不均匀，因此增韧效果不显著，共混物的韧性不会大幅度提高，仅有某些改善。

（2）接枝共聚法　接枝聚合法是将聚丁二烯橡胶溶解于苯乙烯单体中，用引发剂或热进行本体聚合或悬浮聚合，使苯乙烯在聚丁二烯主链上接枝聚合。然后在高真空下脱除苯乙烯单体，经造粒即得产品。

在 HIPS 中，橡胶含量一般在 10% 以下，过高的橡胶含量会导致共混物的刚性下降。但在橡胶粒子中会包藏有树脂，形成"香肠状"结构，使橡胶粒的体积分数大为增加，可超过 20%。这就大大提高了增韧效果，且对刚性的降低较小。橡胶粒径一般控制在 $1～5\mu m$。

这种共聚物可以克服机械共混法橡胶相分散不均匀的缺点，韧性有大幅度的提高，目前已成为高抗冲聚苯乙烯的主要生产方法。

2.4.7.4　高抗冲聚苯乙烯的结构与性能

由接枝共聚法制备的高抗冲聚苯乙烯，其分子主链是由丁二烯、苯乙烯两种单体相嵌形成的嵌段共聚物，且含有苯乙烯侧支链。由于共聚物中橡胶含量较少（一般为 5%～10%），因此分子链端以苯乙烯为主。

聚苯乙烯和聚丁二烯是不相容的，因此苯乙烯和丁二烯链段分别聚集，产生相分离。其中聚丁二烯相区可以吸收冲击能，从而提高了聚苯乙烯的冲击强度。

对聚合物的增韧效果主要控制以下三个变量：

① 加入丁苯橡胶的量一般为 5%～20%。用量进一步增大，增韧效果已不显著，且会降低共聚物耐热性。最佳橡胶用量以 6%～7% 为宜。

② 橡胶粒径应在 $1～10\mu m$。共聚后，橡胶相以小于 $50\mu m$ 粒径的不连续相分散在聚苯乙烯相中（以嵌段形式），这样当材料承载时可以阻止或减少裂纹扩展，防止或减小断裂的可能，达到良好的增韧效果。

③ 控制橡胶的凝胶含量（5%～20%），可得到最好的冲击强度，为普通聚苯乙烯的 7 倍，而软化温度则比普通聚苯乙烯低 15℃ 左右。

2.4.7.5 高抗冲聚苯乙烯的加工与应用

HIPS 的加工性能良好，其流动性虽比聚苯乙烯有所减小，但优于丙烯酸塑料和绝大部分热塑性工程塑料，成型收缩率一般为 0.2%～0.6%。因此，成型 ABS 的模具也适用于 HIPS 的成型。

HIPS 可以进行挤出、注塑、热成型、吹塑、泡沫成型等，正常情况下加工前不必干燥。挤出时可用熔体流动速率为 1.5～4.0g/10min 的树脂进行成型，料筒温度 180～220℃，机头温度 200～220℃。注塑时可用熔体流动速率为 5.0～15g/10min 的树脂，料筒温度 180～250℃，注塑压力 69～128MPa，模具温度 50～80℃。

HIPS 主要应用于制备家用电器壳体或部件、电冰箱内衬材料、空调设备零部件、洗衣机缸体、电话听筒、玩具、吸尘器、照明装置、文教用品、纺织器材、镜框、医疗设备、玩具和娱乐品以及建筑等，也可以与其他材料复合制备多层片状复合包装材料。

2.4.8 改性聚苯乙烯-发泡聚苯乙烯

聚苯乙烯可通过发泡成型来制备低密度、低导热系数的轻量化材料，主要用于包装材料及绝热保温材料。

2.4.8.1 发泡聚苯乙烯的制备方法

以通用 PS 为原料，发泡剂可为化学和物理两种，其发泡方法主要有以下两种。

第一种方法是首先把聚苯乙烯树脂制备成含有发泡剂的珠粒〔称为可发性聚苯乙烯（EPS）〕，在聚苯乙烯合成过程中，在加热、加压条件下把戊烷、丁烷、石油醚等低沸点物理发泡剂渗入到珠粒中去，再使之膨胀即制得可发性聚苯乙烯珠粒。然后将可发性聚苯乙烯再通过预发泡、熟化处理，最终经过模压成型制得聚苯乙烯泡沫制品。这种产品主要为厚板、包装箱等。

第二种方法是采用一步法挤出成型（XPS），直接将发泡剂与 PS 混合好挤出或在挤出熔融段将物理发泡剂注入 PS 熔体内，挤出发泡、冷却定形即可。主要产品为片材、美术装饰板及发泡网，低发泡材料为仿木型材、仿木板材、片材等。

2.4.8.2 发泡聚苯乙烯的主要性能

PS 泡沫塑料性能见表 2-3 和表 2-4。

表 2-3　　　　　　　　　　　　　　可发性聚苯乙烯（EPS）性能

性　能	数　值	性　能	数　值
外观	珠状	吸水率/%	<1
粒度/mm	0.425～2.00	残留单体（最大）含量/%	0.13
表观密度/(g/cm³)	0.61	比黏度(1%甲苯溶液,30℃)	1.9～2.1
珠粒	1.05	挥发物含量/%	6.0～8.0
发泡品（最小）	0.013～0.025		

注：含量指质量分数。

表 2-4　　　　　　　　　　　　　　聚苯乙烯泡沫塑料性能

性　　能	数　　值	性　　能	数　　值
密度/(g/cm³)	0.02	拉伸强度/MPa	0.216～0.333
弯曲强度/MPa	0.294～0.343	冲击强度/(kJ/m²)	0.098～0.196
压缩强度/MPa	0.088～0.108	耐热温度(200g 负荷)/℃	80～95
剪切强度/MPa	1.078～1.47	吸水性/(g/m²)	0.38

2.4.8.3　发泡聚苯乙烯的主要应用

EPS 与 XPS 广泛用于建筑、保温、包装、冷冻、日用品，工业铸造等领域（图 2-21）。也用于展示会场、商品橱、广告招牌及玩具之制造。为适应国家建筑节能要求主要应用于墙体外墙外保温、外墙内保温、地暖。

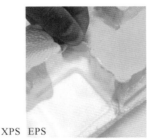

图 2-21　XPS 与 EPS 制品

EPS 是模塑成型，所以可以做成异形的，在包装领域更有优势。XPS 是完美的蜂窝结构，闭孔率在 99% 以上，这也导致 XPS 板不透气，透湿系数低，吸水率也更低。在高抗压的填土、机场跑道、铁路路基等领域更有优势。

2.5　丙烯腈-丁二烯-苯乙烯共聚物

2.5.1　丙烯腈-丁二烯-苯乙烯共聚物概述

2.5.1.1　丙烯腈-丁二烯-苯乙烯共聚物简介

丙烯腈-丁二烯-苯乙烯共聚物（Acrylonitrile-Butadiene-Styrene，简称 ABS）是由丙烯腈（23%～41%）、丁二烯（10%～30%）和苯乙烯（29%～60%）三种单体共聚而成的聚合物，反应式如下：

ABS 是由分散相和连续相构成的聚合物混合物，其分散相是橡胶粒子，连续相是苯乙烯-丙烯腈共聚物（SAN）。所以，ABS 是用橡胶粒子增韧 SAN 所制备的。ABS 既可用于普通塑料又可用于工程塑料。

2.5.1.2 ABS 一般物性

（1）外观　不透明，呈象牙色的粒料（图 2-22）。

图 2-22　ABS 粒料

（2）相对密度为 1.05。

（3）吸水率低，耐油性好。

（4）燃烧性能　ABS 的氧指数为 18.2%，属易燃聚合物，火焰呈黄色，有黑烟，烧焦但不落滴，并发出特殊的肉桂味。

（5）力学性能　冲击强度极好，耐磨性优良，尺寸稳定性好。

（6）热学性能　热变形温度为 85～110℃，制品经退火处理后还可提高 10℃ 左右。

（7）电学性能　电绝缘性较好，并且几乎不受温度、湿度和频率的影响，可在大多数环境下使用。

（8）环境性能　可在极低的温度下使用，耐候性差，在热和紫外光的作用下易产生降解，半年户外暴露的 ABS 试样冲击强度可下降 50%。

2.5.1.3 发展历史

ABS 最初是在 PS 改性基础上发展起来的，具有韧、刚、硬的优点，其用量与 PS 相当，但现在应用范围已远远超过 PS，成为一种独立的塑料品种。

2.5.1.4 目前产量及主要生产厂家

2016 年全球 ABS 总生产能力达到 1115 万 t/a 左右。其中，亚太地区产能占全球的 68% 左右，而中国产能居亚太地区之首。目前，全球五大 ABS 树脂生产商依次是：中国台湾奇美公司、韩国 LG 化学公司、苯领公司、中国台湾台塑化学和纤维公司、中国石油天然气股份有限公司。这五大企业总产能达 631 万 t/a，占全球总产能的 56.6%。

2.5.2　丙烯腈-丁二烯-苯乙烯的合成工艺

ABS 是由橡胶粒子增韧 SAN 得到的两相共混物，而橡胶的制备一般采用乳液和溶液聚合，SAN 的制备一般采用乳液、悬浮和本体聚合。所以，ABS 的制备工艺主要分为乳液聚合法和本体法聚合工艺。

（1）乳液接枝共聚法　首先是用游离基引发的乳液聚合工艺制备聚丁二烯胶乳。将聚丁二烯胶乳、苯乙烯、丙烯腈加入带有高速搅拌的反应釜内（内含 300 份水），自由基引发后在氮气保护下于 65～75℃下反应，得 ABS 胶乳。最后通过破乳使 ABS 胶乳凝结，从水相中分离，并进行水洗和干燥，挤出造粒，即得 ABS 粒料。根据产品性能的要求，三种材料的比例可以改变。

（2）本体悬浮接枝共聚法　在预聚合反应器中，①将丁二烯橡胶溶解在苯乙烯或苯乙烯和丙烯腈的混合物中，进行本体预聚合，当转化率达到 25%～35% 时，②将反应混合物送入到含水的悬浮聚合反应器中，制得的 ABS 浆液离心脱水、干燥、挤出造粒，制得 ABS 颗粒。

（3）乳液/本体混合法　乳液/本体混合法结合了乳液法和本体法的特点，利用乳液法生产聚丁二烯胶乳，利用本体法生产苯乙烯-丙烯腈（SAN）共聚物，制得的接枝橡胶和 SAN 共混制得 ABS 产品。

2.5.3　丙烯腈-丁二烯-苯乙烯的品种与性能特点

（1）按照用途和性能特点可将 ABS 树脂分为通用级、耐热级、耐化学级、医用级、食品级等。通用 ABS 树脂是可以满足众多应用领域需求的注塑级 ABS。耐热级 ABS 具有良好的耐热性、韧性和流动性。

（2）按照冲击强度可以将塑料 ABS 树脂分为中抗冲型、高抗冲型和超高抗冲型。

2.5.4　丙烯腈-丁二烯-苯乙烯的结构与性能的关系

在 ABS 共混体系中，橡胶粒子增韧 SAN 的解释是基于银纹-剪切带理论的。该理论指出，当制品受到外力作用时，橡胶颗粒在增韧塑料中发挥两个作用：应力集中中心诱发大量银纹和剪切带。控制银纹的发展并使银纹及时终止而不致发展成破坏性的裂纹。银纹末端的应力场可以诱发剪切带而使银纹终止，银纹扩展到剪切带也可阻止银纹进一步发展。大量银纹和剪切带的产生和发展，要消耗大量能量，可显著提高制品韧性。

ABS 大分子链中不同的结构单元赋予其不同的性能（图 2-23）：

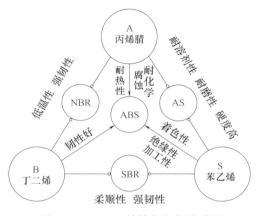

图 2-23　ABS 的结构与性能关系图

（1）丙烯腈（A） 耐化学腐蚀和耐热性好、表面硬度高。

（2）丁二烯（B） 韧性好。

（3）苯乙烯（S） 透明性好、着色性、电绝缘性及加工性好，刚性高。

三种单体结合在一起，就形成了坚韧、硬质、刚性的ABS树脂。

2.5.5　丙烯腈-丁二烯-苯乙烯的加工方法

2.5.5.1　加工特性

ABS可用通用的加工方法加工。ABS的流动特性属非牛顿流体，其熔体黏度对加工温度和剪切速率都有关系，但对剪切速率更为敏感。其热稳定性好，不易出现降解现象。ABS制品在加工中易产生内应力，应进行退火处理，即放于70～80℃的热风循环干燥箱内2～4h。

2.5.5.2　加工前预处理

ABS的吸水性较高，加工前应进行干燥处理：

（1）一般制品的干燥条件为温度80～85℃，时间2～4h。

（2）对特殊要求的制品（电镀）的干燥条件为温度70～80℃。

2.5.5.3　加工方法

ABS可用注塑、挤出、压延、吸塑及吹塑等方法成型加工，并以注塑法最广，挤出法次之。具体加工参数见表2-5。

表 2-5　　　　　　　　　　　　ABS 的加工方法及参数设置

加工方法	加工温度/℃		备注
注塑	注塑机成型温度	180～230	柱塞式注塑机
		160～220	螺杆式注塑机
	模具温度	60～80	表面光泽度高的制品
		50～60	一般制品
挤出	料筒温度	160～180	—
	机头温度	175～195	—
吸塑	—	140～180	—

2.5.6　丙烯腈-丁二烯-苯乙烯的主要应用领域

ABS在我们日常生活中的应用十分广泛，主要有以下几个方面：

（1）在日常生活中的应用　风扇、电话机、复印机、传真机、生活用品、玩具及厨房用品等的壳体（图2-24）。

图 2-24　ABS 生活用品

（2）在机械配件方面的应用　齿轮、泵叶轮、轴承、把手、管材、管件、蓄电池槽及电动工具壳等（图 2-25）。

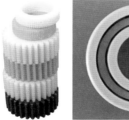

图 2-25　ABS 机械配件

（3）在汽车配件方面的应用　具体品种有方向盘、仪表盘、挡泥板、手柄及扶手等（图 2-26）。

图 2-26　ABS 汽车配件

2.5.7　其他丙烯腈-丁二烯-苯乙烯共聚物类聚合物

（1）苯乙烯-丙烯腈共聚物　由苯乙烯和丙烯腈共聚物而得，简称 AS 树脂，也称 SAN 树脂，其结构式如下：

$$\left[\left(H_2C\text{—}CH\right)_x\left(CH_2\text{—}CH\right)_y\right]_n$$

AS

AS 树脂具有透明性，常被用来制作透明制品，在户外条件下使用时物理性能和色彩不会改变。

（2）苯乙烯-甲基丙烯酸甲酯共聚物　由甲基丙烯酸甲酯与苯乙烯共聚所得到的共聚物，简称 MS，其结构式如下：

$$\left[\left(H_2C\text{—}CH\right)_x\left(CH_2\text{—}C\right)_y\right]_n$$

MS

MS 共聚物保留了聚苯乙烯的原有优点，又使其若干性能得到改善。MS 树脂的特点有以下五点：

① 具有较好的韧性和综合力学性能，断裂伸长率增大，耐磨性也提高。

② 透光率可达到 90%。

③ 具有较好的耐油性、耐候性，耐热性也有所提高。

④ 流动性优于聚甲基丙烯酸甲酯。

⑤ 吸水率小于聚甲基丙烯酸甲酯。

MS 树脂的注塑成型在 165～260℃ 范围内进行，注射压力为 70～210MPa，还可以采用挤出、模压等成型，模压时应制成粉状供料。MS 树脂可以制造风挡玻璃、光学镜头、汽车透明零件。

（3）丙烯腈、氯化乙烯和苯乙烯的三元共聚物　由丙烯腈、氯化乙烯和苯乙烯这三种组分（各组分的比例一般分别为：20%、30%、50%）经悬浮聚合制得，简称 ACS 树脂。

由于存在氯化乙烯的结构单元，ACS 具有很高的阻燃性，可达到 UL94V-0 级的要求。

ACS 也具有优良的耐光性，不会因光照而使性能劣化和变色，适合于户外应用。

（4）甲基丙烯酸甲酯-丁二烯-苯乙烯共聚物　简称 MBS 树脂，透明性好，故有透明 ABS 之称。

MBS 可制备透明的制品，可以注射和挤出成型，与聚氯乙烯（PVC）混合，可作为 PVC 的冲击改性剂使用，最大特点是生产透明的 PVC 制品。

（5）苯乙烯-马来酸酐共聚物　简称 SMA。马来酸酐（MA）无规地插入聚苯乙烯主链之中，提高了玻璃化转变温度（T_g）和热变形温度。SMA 树脂具有很好的耐热性。透明级 SMA 具有较好的透明度和光泽。SMA 具有良好的流变性能，可进行注塑和挤塑，并且可通过熔融共混的方法来制备 SMA 塑料合金或进行玻璃纤维增强。

思 考 题

1. 试分析聚苯乙烯中苯环基团对性能的影响。聚苯乙烯有哪些较突出的优异性能和明显缺点？其原因何在？

2. HIPS、EPS 与普通 PS 在结构组成上有何不同？性能用途有何不同？

3. 为什么 ABS 具有良好的综合物理力学性能？三种单体分别为材料带来何种性能？

4. 试分析丁二烯在 ABS 分子链段中抵抗冲击力的作用机理？

5. MS、AS、AAS、SMA、ACS、MBS 是苯乙烯与什么的共聚物？

6. 简述一下聚苯乙烯发泡保温板的制备方法。

2.6　聚氯乙烯（PVC）

2.6.1　聚氯乙烯概述

2.6.1.1　聚氯乙烯简介

聚氯乙烯为由氯乙烯单体经自由基聚合而成的一种非结晶、极性的高分子聚合物，英文名称 Polyvinyl Chloride，简称 PVC，其结构式如下：

$$\begin{array}{c} Cl \\ | \\ \text{--}CH\text{---}CH_2\text{--}_n \end{array}$$

PVC

2.6.1.2 一般物性

（1）外观 白色粉末（图 2-27）。

图 2-27 PVC 粉末

（2）相对分子质量 工业生产的纯 PVC 的相对分子质量一般在 5 万～11 万。

（3）相对密度 1.35～1.45。

（4）纯 PVC 的吸水率和透气性都很小。

（5）溶解性 不溶于水、汽油、酒精、氯乙烯，溶于酮类、酯类和氯烃类溶剂。

（6）毒性和气味 无毒无异味。

（7）力学性能 硬而脆，耐冲击性不好。

（8）化学性能 耐化学腐蚀性好。

（9）电学性能 电绝缘性较好，但不如 PE 和 PP。

（10）环境性能 耐寒性差。

（11）稳定性 PVC 对氧、热都不稳定，很容易发生降解，引起 PVC 制品颜色的变化，变化顺序为：白色、粉红色、淡黄色、褐色、红棕色、红黑色、黑色。

2.6.1.3 发展历史

PVC 是最早实现工业化的树脂品种之一，是在 20 世纪 60 年代以前产量最大的树脂品种，只是在 60 年代后期退居第二位。通用型 PVC 树脂最早于 1935 年由德国实现工业化生产，在第二次世界大战中得到普遍应用，以缓解当时钢材的不足。

2.6.1.4 目前产量及主要生产厂家

截至 2018 年，PVC 树脂全球总产能为 5800 万 t/a，其中亚洲地区的产能为 3750 万 t/a 左右，而中国地区的 PVC 产能为 2400 万吨/年，占亚洲总产能的 64%，占全球总产能的 41.4%，是名副其实的世界第一大 PVC 产能国。表 2-6 列出了 2010～2018 年间我国 PVC 的产能、产量及消费情况。近 3 年来，无论是产能还是产量都趋于比较稳定的水平。目前，在全球范围内，PVC 产能靠前的企业包括日本信越化学、中国台湾台塑集团、韩国 LG 集团和美国 OxyVinyls 公司等。

表 2-6

年份	2010	2011	2012	2013	2014	2015	2016	2017	2018
产能	2043	2163	2341	2476	2389	2349	2326	2406	2404
产量	1130	1295	1318	1529	1630	1609	1669	1790	1874
消费	1255	1382	1393	1540	1584	1603	1630	1771	1889

2010～2018 年中国 PVC 的产能、产量及消费量　　　　单位：万 t

2.6.2　聚氯乙烯的合成工艺

氯乙烯可以在过氧化物、偶氮化合物引发下按自由基机理进行聚合制备 PVC。PVC 的生产方法主要有四种：悬浮聚合、乳液聚合、本体聚合和溶液聚合，其中悬浮法 PVC 树脂产量最高（占世界总产量 80% 左右，占我国总产量 98% 以上），溶液聚合方法所占比例很少，只用来生产涂料或者特种产品。

（1）悬浮聚合　将氯乙烯单体分散在水中，所用分散剂是聚乙烯醇、白明胶或甲基纤维素等，加入引发剂过氧化苯甲酸或偶氮二异丁腈。通过机械搅拌，在 $50～60℃$、$0.6～0.7MPa$ 压力下聚合，得到聚氯乙烯聚合物后分离、干燥。悬浮法工艺成熟，后处理简单，产品纯度高，综合性能好，所生产的 PVC 数均相对分子质量为 3 万～8 万。悬浮法 PVC 树脂用于生产压延、注塑和挤出制品。

（2）乳液聚合　乳化剂品种是十二烷基苯磺酸钠或十二醇硫酸钠等。引发剂采用过硫酸钾、过硫酸钠或过氧化氢等。将氯乙烯加入含有乳化剂、引发剂和缓冲剂的水乳液中，在 $40～60℃$、$0.7MPa$ 的压力条件下，搅拌 12～18h，可得到乳状聚氯乙烯。

乳液聚合的优点是速度快，聚合微粒粒径较小，体系稳定，便于连续生产，缺点是聚合物后处理麻烦，影响到聚合物的电绝缘性、热稳定性等，生产成本也高。乳液法生产的树脂相对分子质量分散性大，数均相对分子质量为 1 万～12 万。乳液法树脂常用于生产人造革、壁纸、儿童玩具及乳胶手套等。

2.6.3　聚氯乙烯的品种

（1）按聚合方法可将 PVC 分成悬浮和乳液法两类树脂。

（2）按相对分子质量的大小分可将 PVC 分成通用型和高聚合度型两类。通用型 PVC 的平均聚合度为 500～1500，高聚合度型的平均聚合度大于 1700。我们常用的 PVC 树脂大都为通用型。

（3）PVC 还可分为普通级（有毒 PVC）和卫生级（无毒 PVC）。

（4）按照 PVC 制品中增塑剂含量的大小可将其分为软、硬制品，一般增塑剂含量 0～5 份为硬制品，5～25 份为半硬制品，大于 25 份为软制品。

2.6.4　聚氯乙烯的结构与性能的关系

PVC 可以看作是聚乙烯分子链上每个单体单元中的一个氢原子交替地被氯原子取代的结果。电负性较强的氯原子作为侧取代基存在，这对聚合物的性能产生了极大的影响，主要有以下几个方面：

（1）氯的存在，增大了分子链之间的吸引力，同时由于氯原子体积大，有较明显的空间位阻效应，这两个因素都促使分子链变刚、变硬，使材料玻璃化温度比聚乙烯有大幅度上升，材料的硬度、刚性增大，力学性能提高，但韧性和耐寒性下降。

（2）氯原子的存在，由于在受热过程中容易脱除氯化氢，导致 PVC 热稳定性明显下降。PVC 内含有对热和光极不稳定的叔碳原子，在 100℃ 以上或受到紫外光照射条件下，会引起脱氯化氢反应。PVC 对热极不稳定，当温度达到 120℃ 时，纯 PVC 即开始脱 HCl 反应，从而导致 PVC 热降解发生。所以在加工过程中要避免 PVC 的热降解。

（3）Cl—C 键是偶极键，使材料宏观上表现出明显极性，导致材料电性能比聚乙烯降低，只能用于中低压和低频率绝缘材料。

（4）氯原子的存在使材料具有阻燃性。

（5）由于 Cl 原子的诱导效应，使 C—H 键的电子云明显向 C 原子方向偏移，而 H 原子处缺电子，成为质子。在酯、酮、芳烃及卤代烃中溶胀或者溶解，最好的溶剂为四氢呋喃和环己酮。

2.6.5 聚氯乙烯的加工方法

2.6.5.1 加工特性

（1）纯 PVC 一般需要在 160～210℃ 时才可塑化加工。

（2）PVC 的加工稳定性不好，熔融温度 160℃，高于分解温度 120℃，不进行改性难以用熔融塑化的方法加工。

解决方法：一是在其中加入热稳定剂，吸收热加工过程中脱除的 HCl 以提高 PVC 的分解温度，使其在熔融温度之上；二是在其中加入增塑剂，以降低 PVC 的熔融温度，使其在分解温度之下。

PVC 用热稳定剂包含铅盐类、有机锡类、金属皂类和稀土类这四类。以铅盐类最常用，但不能用于无毒和透明制品；有机锡类稳定效果好，但因价高限制使用；金属皂类稳定效果一般，分透明、有毒或无毒，很少单用，常复合使用；稀土类稳定剂为最新品种，具有透明、无毒等优点。PVC 的热稳定剂在硬制品中的用量大于软制品。

（3）PVC 熔体的流动特性不好，熔体强度低，易产生熔体破碎和制品表面粗糙等现象。

（4）PVC 的加工过程中需加入润滑剂以克服摩擦阻力。润滑剂可分为内润滑剂（相容性大）和外润滑剂。

（5）PVC 的熔体属非牛顿流体，熔体黏度对剪切速率敏感。

2.6.5.2 加工前预处理

PVC 遇金属离子会加速降解，加工前要进行磁选，设备不应有铁锈。

2.6.5.3 加工前注意事项

（1）PVC 配方中的组分主要有热稳定剂、增塑剂、改性剂、填充剂、加工助剂和色料，在加工时要充分混合均匀。

（2）注意加料顺序，吸油性大的填料要后加，以防吸油；润滑剂最后加，以防影响其他组分的分散。

（3）控制好混合温度，一般在 90～120℃。

2.6.5.4　加工方法

PVC 可用挤出、注塑、压延、吹塑、搪塑和滚塑等方法成型。

（1）挤出　可用于生产膜、片、板、管、棒、异型材及丝等制品。当选用单螺杆挤出机时，需选用粒料；选用锥形异向旋转型双螺杆挤出机，树脂可用粉料。

PVC 硬制品的挤出工艺条件为：料筒温度 160～180℃，机头温度 180～200℃，螺杆转速 25r/min 左右。

PVC 软制品的挤出工艺条件为：料筒温度 170～190℃，机头温度 190～210℃，螺杆转速 30r/min 左右。

（2）注塑　可用于生产凉鞋、壳体、管件、阀门及泵等制品。

注塑工艺条件为：料筒温度 160～190℃，喷嘴温度高于料筒 10～20℃，注塑压力 90MPa 以上，保压压力 60～80 MPa，模具温度 30～60℃，螺杆转速 20～50r/min。

（3）压延　可用于生产膜、片、板、人造革及壁纸等制品。

压延工艺条件为：Ⅰ辊温为 165℃、Ⅱ辊为 170℃、Ⅲ辊温为 175℃、Ⅳ辊温为 170℃。图 2-28 为四辊压延机生产人造革示意图。

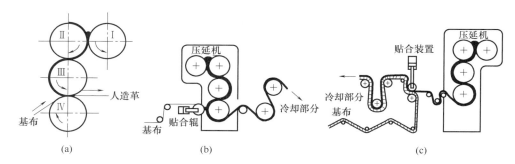

图 2-28　四辊压延机生产人造革示意图

（a）擦胶法　（b）内贴法　（c）外贴法

（4）压制　主要用于生产鞋底、硬板及周转箱等形状简单的制品。

压制成型的工艺为：挤出型坯—冷压—成型，一般也称为冷挤压。

（5）塑料糊成型　糊树脂的具体涂覆方法有刮涂法、滚塑法及蘸浸法等。

具体工艺：将 PVC 糊树脂涂于基衬上，于 90～200℃下塑化，时间为 50～600s，充分熔融后压花、冷却即可。

2.6.6　聚氯乙烯的主要应用领域

2.6.6.1　硬质 PVC 的应用

（1）管材　上水管、下水管、输气管、输液管及穿线管等；PVC 硬管占 PVC 树脂消费量的一半，PVC 管材占塑料管材总市场的 80% 以上（图 2-29）。

图 2-29　PVC 管材

（2）型材　门、窗、装饰板、家具及楼梯扶手等（图 2-30）。

图 2-30　PVC 型材

（3）板材　瓦楞板、密实板和发泡板等，壁板、天花板、百叶窗、地板、装饰材料、家具材料及化工防腐贮槽等（图 2-31）。

图 2-31　PVC 板材

（4）片材　各种板及包装盒（图 2-32）。

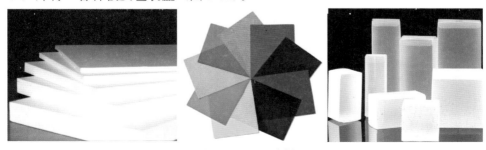

图 2-32　PVC 片材

（5）丝类　纱窗、蚊帐及绳索等（图2-33）。

图 2-33　PVC 丝制品

（6）瓶类　食品、药品及化妆品等包装材料（图2-34）。

图 2-34　PVC 瓶

（7）注塑制品　管件、阀门、办公用品罩壳及电器壳体等（图2-35）。

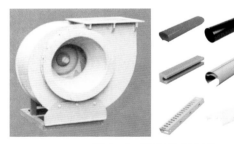

图 2-35　PVC 注塑制品

2.6.6.2　软质 PVC 制品的应用

（1）薄膜　农用大棚膜、包装膜、日用装饰膜、雨衣膜及本皮膜等（图2-36）。

图 2-36　PVC 膜制品

（2）电缆　用于中低压绝缘、阻燃和护套电缆料（图 2-37）。

图 2-37　PVC 电缆料

（3）鞋类　鞋底和面材料，具体如雨靴、凉鞋及布鞋底等（图 2-38）。

图 2-38　PVC 鞋制品

（4）革类　人造革、地板革及壁纸等（图 2-39）。

图 2-39　PVC 革制品

（5）其他　软透明管、唱片及垫片等（图 2-40）。

图 2-40　PVC 软管及唱片、垫片制品

2.6.6.3　PVC 糊制品的应用

用于压花壁纸、玩具、雨靴、手套、靴、浮球、人体模型和汽车部件等（图 2-41）。

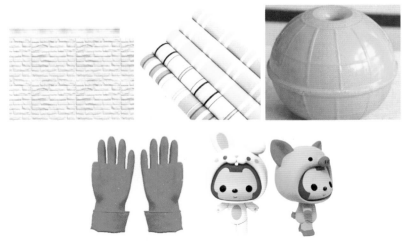

图 2-41　PVC 糊制品

2.6.7　其他聚氯乙烯类聚合物

PVC 的改性品种包括高聚合度 PVC、氯化 PVC 及 PVC 合金等。

2.6.7.1　高聚合度 PVC（HPVC）

高聚合度 PVC（简称 HPVC）的相对分子质量大（平均聚合度大于 2000）、分子链长、链的规整性及结晶度增加，分子链间的缠绕点增多，具有类似交联的结构。在常温下，HPVC 的大分子链间滑移困难，可防止一定的塑性变形，呈现类似橡胶的弹性。HPVC 的性能有：

（1）具有较强的吸收增塑剂的能力，可与高达 150 份的增塑剂混合，制成软制品。

（2）力学性能优异，拉伸强度和撕裂强度高。

（3）永久压缩变形小，仅为 35%～60%，而普通 PVC 的永久压缩变形在 65% 以上；回弹性高，一般可达 40%～50%。

（4）制品的硬度可在邵氏 A40～95 范围内任意调整，而且受温度的影响小。

（5）优良的耐热、耐寒及耐老化性能。

（6）耐磨性好，比普通 PVC 高 2 倍。

（7）高聚合度 PVC 的加工性能差，熔融温度高出普通 PVC 约 10℃以上，熔融黏度大。

HPVC 的加工方法：注塑、挤出。

2.6.7.2　氯化聚氯乙烯（CPVC）

氯化聚氯乙烯为 PVC 氯化的产物，英文简称 CPVC，其结构式如下：

$$\left[\begin{array}{cc} H & Cl \\ | & | \\ C & C \\ | & | \\ H & Cl \end{array}\right]_n \qquad \left[\begin{array}{cc} H & Cl \\ | & | \\ C & C \\ | & | \\ Cl & H \end{array}\right]_n$$

1，1-取代　　　1，2-取代

CPVC

（CPVC 比 PVC 的含氯量增大，PVC 的含氯量为 56.8%，而 CPVC 的含氯量高达 61%～68%）主要用于阻燃和耐热管材。

CPVC 可用普通 PVC 的设备加工，但由于其熔体黏度高，热分解倾向比 PVC 更大，使其加工工艺稍复杂，与物料接触的设备光洁度要高，并要进行镀铬处理。

CPVC 可单独加工，也可与 CPE、EVA、ABS 等共混加工，以改进加工性和制品的脆性。

2.6.7.3　聚偏氯乙烯（PVDC）

聚偏氯乙烯由偏氯乙烯（VDC）均聚而成，英文简称 PVDC。其相对分子质量在 2 万～10 万，是高结晶性聚合物，结构式如下：

$$\left[CH_2-\underset{\underset{Cl}{|}}{\overset{\overset{Cl}{|}}{C}}\right]_n$$

PVDC

在热和光的作用下，PVDC 很容易分解，放出 HCl。所以根据不同用途可使用增塑剂和稳定剂。

PVDC 的软化点高，且与分解温度很接近，加工困难，所以通常与氯乙烯（VC）、丁二烯、醋酸乙烯、苯乙烯、丙烯腈、（甲基）丙烯酸甲酯等单体共聚。共聚单体起到分子内增塑作用，使共聚物软化温度有所降低，改善了与增塑剂的相容性，加工性能有较大改进。

PVDC 可用挤出、注射、压制等多种方法加工。

2.6.7.4　聚氯乙烯的共聚物

氯乙烯（VC）可以与醋酸乙烯、（甲基）丙烯酸酯、不饱和二元羧酸酯、烯烃等形成共聚物。共聚单体的作用：

（1）内增塑，改善 PVC 树脂成型加工时的流动性以及树脂的溶解性能。

（2）提高 PVC 的耐热性和冲击性能。

2.6.7.5　聚氯乙烯的接枝共聚

在 PVC 主链上接枝（甲基）丙烯酸酯类，可制备 PVC 的接枝共聚物。

接枝方法：悬浮接枝、溶液接枝或本体接枝。

接枝的作用：

（1）改进硬质 PVC 抗冲击性能。

（2）改进软质 PVC 的增塑稳定性。

思　考　题

1. PVC 在加工时应注意哪些问题？

2. 聚氯乙烯分子链结构上侧氯原子的存在对聚合物性能有哪些影响？

3. 聚氯乙烯有哪些优良性能？有哪些突出缺点？试说明原因。

4. 为什么聚氯乙烯可以加入各种助剂制备成软质材料和硬质材料，而聚丙烯不可以？

5. 为什么聚氯乙烯在加热后就容易变色？其分解的反应机理是什么？

6. 为什么聚氯乙烯在加工过程中需要加入热稳定剂和润滑剂？

2.7 乙烯-乙酸乙烯酯共聚物

2.7.1 乙烯-乙酸乙烯酯概述

2.7.1.1 EVA 简介

乙烯-乙酸乙烯（醋酸乙烯）酯共聚物（Ethylene Vinyl Acetate），简称为 EVA。EVA 由于在分子链中引入醋酸乙烯酯单体（VA），降低了高结晶度，提高了韧性、抗冲击性、填料相容性和热密封性能，因而在发泡鞋材、功能性棚膜、包装膜、热熔胶、电线电缆及玩具等领域得到了广泛的应用。其结构式如下：

$$\text{--CH}_2\text{--CH}_2\text{--}_m\text{--CH--CH}_2\text{--}_n$$
$$\begin{array}{c} | \\ O\text{--}C\text{--}CH_3 \\ \| \\ O \end{array}$$

EVA

2.7.1.2 EVA 一般物性

（1）透明颗粒（图 2-42）。

图 2-42　乙烯-乙酸乙烯酯粒料

（2）易燃，离火不灭，并有熔融落滴，发出乙酸味道。

（3）热分解温度较低，约为 230℃。

（4）良好的柔软性、韧性、耐低温性、耐应力开裂性。

（5）良好的热合性、焊接性、粘结性。

（6）良好的透明性、高光泽性。

（7）良好的耐化学药品性、抗臭氧性、耐候性。

（8）优良的着色性及与填料的溶合性。

2.7.1.3 发展历史

乙烯-醋酸乙烯酯树脂是由美国人 H.F. 马克在 1928 年首次用低压法获得的，英国卜内门化学工业公司（ICI）曾于 1938 年发表了高压聚合法制造的专利，但直到 20 世纪 60 年代初才从美国开始有工业产品。之后，随着 EVA 材料用途的拓广及聚合技术的进一步改进，各类 EVA 制品涌入市场。

2.7.1.4 生产现状

截至 2018 年，我国共有北京东方石油化工有限公司有机化工厂、扬子石化-巴斯夫有限责任公司、北京华美聚合物有限公司、中国石化北京燕山石油化工公司、台塑集团（宁波）有限公司、联泓集团有限公司以及江苏斯尔邦石化有限公司等 7 家企业生产 EVA 树脂，产能为 97.2 万吨/年，我国是目前世界上最大的 EVA 树脂生产国家。

2.7.2 乙烯-乙酸乙烯酯共聚物的合成工艺

（1）高压法连续本体聚合（最主要方法） 高压法连续本体聚合工艺通常采用高压釜反应器或管式反应器，工艺原理类似于低密度聚乙烯（LDPE）生产工艺。管式聚合工艺可生产 VA 含量小于 30% 的 EVA；釜式聚合工艺可生产 VA 含量小于 40% 的 EVA。

（2）悬浮聚合法 又称珠状聚合，在 EVA 聚合过程中，反应器内有大量水，物料黏度低，容易传热和控制，并且产品的后处理简单，但是该法的生产能力和产品纯度不及本体聚合，而且不能采用连续法进行生产。

（3）溶液聚合法 溶液聚合是单体溶于适当溶剂中进行的聚合反应。将乙烯和醋酸乙烯在叔丁醇或其水溶液中，以偶氮二异丁腈为引发剂，于 5～7MPa 压力和 30～150℃ 下进行溶液聚合，制得 EVA，醋酸乙烯含量一般在 35% 以上。产品可作涂料或胶黏剂。

（4）乳液聚合法 在高压反应釜中，将醋酸乙烯及引发剂 $K_2S_2O_8$ 或 $(NH_4)_2S_2O_8$ 加入到已配制好的乳化液反应介质中，再通入乙烯，在温度小于 95℃，1～10MPa 压力下聚合，可得到醋酸乙烯含量为 70%～90% 的共聚胶乳。缺点是聚合过程中加入的乳化剂等影响制品性能。

2.7.3 乙烯-乙酸乙烯酯共聚物的品种

（1）EVA 树脂 VA 含量在 40% 以下，性能接近 PE 树脂，主要用于塑料和改性材料，可制造电缆、薄膜及鞋底等制品。

（2）EVA 弹性体 VA 含量在 40%～70% 范围内，它性柔软而富有弹性，主要用于弹性体。

（3）EVA 乳胶 VA 含量在 70%～90%，产品为乳液状，主要用于黏合剂和涂层。

2.7.4 乙烯-乙酸乙烯酯共聚物的结构与性能的关系

EVA 的性能主要取决于熔融指数与醋酸乙烯酯（VA）的含量。

（1）当熔融指数（MI）一定时 VA 含量增高，EVA 弹性、柔软性、相容性、透明性提高；VA 含量减少，EVA 性能接近于聚乙烯，刚性、耐磨性及电绝缘性提高。

（2）当 VA 含量一定时 熔融指数增加，则软化点下降，加工性和表面光泽改善，但强度会下降；熔融指数降低，冲击性能和抗环境应力，开裂性能提高。

2.7.5　乙烯-乙酸乙烯酯共聚物的加工方法

EVA 可采用一般热塑性塑料的成形方法和设备。EVA 树脂吸水率低，加工前可以不干燥。

（1）注射成型　制品色彩鲜艳，料温一般控制在 170～200℃为宜。

（2）真空成型　制品光洁透明，所用设备与 LLDPE 相似。

（3）挤出、压延成型　与 PE、PVC 所用设备类似，可采用压延贴胶、挤出涂覆、多层共挤出复合。

（4）挤出成型　注意物料的冷却，牵引力也应轻些，否则开口性差，必要时要加滑爽剂。

（5）发泡成型　可通过调节发泡剂的量，能有效控制膨胀率。

2.7.6　乙烯-乙酸乙烯酯共聚物的主要应用领域

（1）薄膜类（图 2-43）　60％ EVA 用于生产薄膜，可用于包装膜和农业用膜。EVA 农膜的保温性、透光性、耐老化性、防雾滴性都优于 PE。

图 2-43　EVA 雨衣和包装膜

（2）热熔黏合剂和涂层（图 2-44）　占总量的 20％。

图 2-44　EVA 热熔棒

（3）电线电缆（图 2-45）　占总量的 6％。

图 2-45　无卤阻燃电缆 EVA 护套

（4）注塑制品（图 2-46）　自行车座、玩具、密封容器、人造草坪及挡泥板等。

图 2-46　EVA 自行车座

（5）挤出制品（图 2-47）　软管、电缆护套、吸水管。

图 2-47　EVA 吸尘器软管

（6）发泡制品　凉鞋、鞋底、拖鞋、自行车胎及玩具车轮等。

思　考　题

1. EVA 的分子结构是什么？其典型的性能特征是什么？与其结构有何种关系？
2. 为什么 EVA 可以作为膜材料广泛应用？

第 3 章 工 程 塑 料

工程塑料是在较广的温度范围内、在一定的机械应力和较苛刻的化学、物理环境中能长期作为结构材料使用的塑料。

通常把长期使用温度在 100~150℃、可作为结构材料使用的塑料材料称为通用工程塑料，具有优异的力学性能、化学性能、电性能、尺寸稳定性、耐热性、耐磨性和耐老化性能等。

3.1 聚 酰 胺

3.1.1 聚酰胺概述

3.1.1.1 聚酰胺简介

聚酰胺（Polyamide）简称 PA，俗称尼龙（Nylon），是主链上含有酰胺基团（—CONH—）的一类聚合物。它可以是内酰胺的分子通过开环聚合而成，也可以由二元胺和二元酸通过缩聚反应来制取。

PA 是五种通用工程塑料（聚酰胺、聚碳酸酯、聚甲醛、热塑性聚酯和改性聚苯醚）中开发最早、产量最大、应用最广的品种，产量约占工程塑料产量的三分之一。聚酰胺结构通式：

$$\left[NH-R-\underset{\underset{O}{\|}}{C} \right]_n \quad 或 \quad \left[NH-R-NH-\underset{\underset{O}{\|}}{C}-R'-\underset{\underset{O}{\|}}{C} \right]_n$$

R 和 R'一般是亚甲基、环烷基或芳香基。

3.1.1.2 一般物性

（1）白色或淡黄色的颗粒（图 3-1）。

图 3-1　PA 粒料

（2）密度　1.01～1.16g/cm³。

（3）熔点　180～280℃。由于氢键的存在，熔点明显高于普通脂肪链聚烯烃。

（4）制品坚硬有光泽，尺寸稳定性差；具有优良的耐磨性和耐疲劳性，良好的耐油、耐溶剂性。

（5）由于酰胺基的存在，吸水率大。

（6）电绝缘性差，在潮湿环境下，体积电阻率和介电强度均会下降，介电常数和介质损耗也明显增大。

（7）在室内的室温环境下，聚酰胺性能稳定；在室外大气环境中，性能会逐渐地明显下降，特别当温度超过 60℃时，性能下降特别明显，主要的变化是发暗、变脆，力学性能下降。在 100℃的户外环境下暴露，寿命仅为 4～6 周。

（8）氧指数为 26%～30%，在火源作用下可以燃烧。

3.1.1.3　发展历史

PA 树脂发展历史如表 3-1 所示。

表 3-1　　　　　　　　　　　　　聚酰胺树脂发展历程

工业化年份	商品名	商品名称	开发和生产者
1938(1931)	聚酰胺 66	Zytel(初期为 Nylon)	美国杜邦(Dupont)
1942(1837)	聚酰胺 6	UItramidB	巴斯夫(BASF)
1941	聚酰胺 610	Zytel	美国杜邦
1961(1958)	聚酰胺 1010		中国上海赛璐珞场
1990(1988)	聚酰胺 1212	Zytel151L	美国杜邦
1990(1938)	聚酰胺 46	Stanyl	荷兰 DSM
2006	聚酰胺 10T	Vicnyl	中国广州金发科技

3.1.1.4　生产现状

20 世纪 80 年代，聚酰胺 6 重要原材料己内酰胺开始大规模生产，主要集中在美国、德国和英国等西方发达国家。预计到 2020 年，全球己内酰胺的产能和产量将达到840.5 万 t/a 和 588.3 万 t/a。

世界范围内生产己内酰胺的企业主要有德国巴斯夫、荷兰帝斯曼、中国石化、美国霍尼韦尔、中国台湾石油发展以及韩国 Capro 公司。当前，我国 PA 行业内主要生产企业包括：神马股份、中国石油辽阳石油化纤公司、宁波舜龙锦纶有限公司及宜兴市太湖尼龙厂、南京聚隆工程塑料有限公司。

3.1.2　聚酰胺的合成工艺

按单体类型不同，聚酰胺分为两种类型，一种是由 ω 氨基酸自缩聚或由己内酰胺开环聚合制得的聚酰胺，典型代表 PA6；一种是由二元胺与二元羧酸缩聚所得到的聚酰胺，典型代表 PA66。

以 PA6 的制备过程为例，工业化生产方法是将己内酰胺、0.2%～1.0% 微量的水加热到 260℃，以酸为催化剂，经开环和加成放热反应，聚合反应得到 PA6。

（1）$n(CH_2)_5-C=O \longrightarrow \dfrac{}{}NH(CH_2)_5 C \dfrac{}{n}$ 己内酰胺水解开环生成氨基酸

$(CH_2)_5-C=O + H_2O \longrightarrow H_2N(CH_2)_5 COOH$

（2）氨基上氮原子向己内酰胺亲电进攻，分子链增长（主要）

$\sim\sim NH_2 + (CH_2)_5-C=O \rightleftharpoons \sim\sim NHCO(CH_2)_5 NH_2$

以 PA66 的制备过程为例，工业化生产方法是以己二胺与己二酸为原料，先使二者配制成聚酰胺 66 盐，再进行缩聚得到 PA66。

（1）成盐

$HOOC(CH_2)_4COOH + H_2N(CH_2)_6NH_2 \xrightarrow{60℃} \ ^-OOC(CH_2)_4COO^- \cdot \ ^+H_3N(CH_2)_6NH_3^+$

（2）缩聚

$n\ ^-OOC(CH_2)_4COO^- \cdot \ ^+H_3N(CH_2)_6NH_3^+ \xrightarrow{200\sim250℃}$

$\dfrac{}{}C-(CH_2)_4-C-NH(CH_2)_6NH\dfrac{}{n} + (2n-1)H_2O$

3.1.3 聚酰胺的种类与性能特点

按分子链重复结构中所含有的特殊基团可分为：脂肪族、半芳香、全芳香、共聚聚酰胺 4 类。

3.1.3.1 脂肪族聚酰胺

脂肪族聚酰胺是聚酰胺中产量最大、用途最广、品种最多、大规模工业化生产的品种，其中以 PA6、PA66 的产量最大，PA11、PA12、PA46 等品种具有很大的市场潜力。

（1）聚酰胺 6（PA6）

$$\dfrac{}{}NH(CH_2)_5 C \dfrac{}{n}$$

PA6

① 乳白色或微黄色透明到不透明角质状结晶聚合物。

② 氧指数为 27%～28%，具有自熄性，在空气中不延续燃烧。

③ 熔点 215～225℃；玻璃化温度 48℃；维卡软化温度 200～210℃；长期耐热温度 105℃；连续使用温度 65℃。

④ 吸水率在聚酰胺中较高，多种性能受吸湿性影响。

⑤ 耐磨性优异，自润滑性强。

⑥ 对烃类有机溶剂有很强的耐溶性，但与氯化钙、氯化锌等水溶液接触易应力开裂。

（2）聚酰胺 66（PA66）

$$\begin{array}{cc} O & O \\ \parallel & \parallel \\ \left[\!\!-C\!-\!(CH_2)_4\!-\!C\!-\!NH(CH_2)_6NH\!-\!\right]_n \end{array}$$

PA66

① 半透明或不透明的乳白色结晶聚合物，受紫外光照射会发紫白色或蓝白色光。

② 熔点 260~265℃；玻璃化温度 65℃；热变形温度 70℃，加入 30％玻璃纤维后可跃升到 250℃。

③ 良好的绝缘性能，但各种电气性能随温度和吸水率的增大而明显下降。

④ 对多数溶剂在高温下也具有较好的耐受性，但易受到无机酸、某些氧化剂、氯化溶剂及重金属盐的腐蚀。

⑤ 高强度、硬度、刚度和抗蠕变性能，优良的耐疲劳性能。

（3）聚酰胺 46

$$\begin{array}{cc} O & O \\ \parallel & \parallel \\ \left[\!\!-C\!-\!(CH_2)_4\!-\!C\!-\!NH(CH_2)_4NH\!-\!\right]_n \end{array}$$

PA46

① 熔点 295℃；玻璃化温度 78℃；热变形温度 190℃；长期使用温度可达 163℃；30％玻纤后增强耐热温度达到 290℃。

② 最高结晶度达 70％，远高于 PA66 最大结晶度（50％）。

③ 良好的耐热性。在高温下较好的硬度和抗蠕变性能。

④ 吸湿性高于其他聚酰胺，但由于结晶度高使水分对 PA46 制品尺寸的影响较小。

⑤ 高温下保持优良的电气性能。

⑥ 耐油、耐化学药品性高于 PA66。

⑦ 流动性好，加工性能好，成型周期短。

3.1.3.2　半芳香族聚酰胺

半芳香族聚酰胺也是由二元胺和二元酸两种缩聚制备的。在这两种单体中，其中一种是芳香族二元胺或芳香族二元酸。半芳香族聚酰胺同脂肪族聚酰胺相比有如下特点：

① 良好的耐热性能，T_m 和 T_g 较高。

② 力学性能好，对温度的依赖性小，并且在高温下及较宽的温度范围内能保持较稳定的性能，耐疲劳强度大，收缩性、变形性、蠕变性小，强度及制品尺寸稳定性好。

③ 耐溶剂及化学药品性好，耐脂肪烃、芳香氯代烃、脂类、酮类、醇类等有机溶剂以及汽车工业用的各种燃料、油类、防冻液等。

④ 电绝缘性能优良，还有出色的耐电弧性及漏电痕迹性。

⑤ 吸湿率小，吸湿后的制品尺寸和力学性能变化小。

聚酰胺 MXD-6：

$$\begin{array}{cc} O & O \\ \parallel & \parallel \\ \left[\!\!-C\!-\!(CH_2)_4\!-\!C\!-\!NH\!-\!CH_2\!-\!\!\!\bigcirc\!\!\!-CH_2\!-\!NH\!-\!\right]_n \end{array}$$

① 熔点 237℃；相对密度 1.22g/cm³；玻璃化温度 85℃；热膨胀系数小，与金属相近；可在很宽的温度范围内保持高强度、高刚性。

② 涂装性优异，特别是高温烧结涂层。

③ 优良的耐药品性、阻隔性、消震性，可作为贵重设备和精密仪器的包装材料。

④ 吸水率低且吸水后尺寸变化小，机械强度变化少，尺寸稳定性好，成型收缩率很小，适宜精密成型加工。

3.1.3.3 全芳香族聚酰胺（芳酰胺）

全芳香族聚酰胺是全部由芳香二酸和芳香二胺聚合而成的。芳酰胺有很多种，到目前为止最具有实用价值的主要有三种，其中，国内外最受重视的是 PPTA。这类高聚物主要用作纺丝的原料，其纤维最大的特点具有高强度、高模量、高耐热性和热稳定性、密度小，在复合塑料中用作增强剂，其中 PPTA 纤维 Kevlar-49，是重要的复合材料所用芳酰胺纤维。

这类聚合物的最大特点是在分子主链中引入苯环，都具有刚性或半刚性的高分子链在分子链间，又能形成氢键。因此具有以下性能特征：

① 耐热性高，玻璃化转变温度高，长期连续使用温度高。

② 耐疲劳性、耐老化性优良。

③ 吸湿、吸水性小，由此而引起制品尺寸变化和力学性能变化小。

④ 耐有机溶剂和化学药品性优良。

⑤ 电性能优良，耐电弧性和耐漏电痕迹性好，并且有优良的阻燃性，氧指数都在 29% 以上，能达到 UL94V-0 级。

聚对苯二甲酰对苯二胺（PPTA），芳纶 1414，商品名为 Kevlar。

$$\left[C \overset{O}{\underset{}{\parallel}} - \bigcirc - C \overset{O}{\underset{}{\parallel}} - NH - \bigcirc - NH \right]_n$$

PPTA 具有超高强度、超高模量、耐高温、耐腐蚀、阻燃、膨胀系数小等一系列优异性能，主要应用于高性能的轮胎帘线和橡胶制品补强材料，特种绳索与织物，航天器、导弹壳体材料。

3.1.4 聚酰胺的结构与性能的关系

3.1.4.1 分子链结构

（1）亚甲基　所有脂肪族聚酰胺分子链都是线形结构，分子链骨架由—CH_2—链组成，亚甲基是非极性的；化合物中亚甲基含量越多分子链越柔软，因此聚酰胺的各种性质取决于其分子链中亚甲基与酰胺基的相对比例。亚甲基越长，酰胺基与亚甲基的比值越小，则聚酰胺分子的极性越小，耐热性下降，熔点越低，吸水性也随之减小。

（2）芳香基　芳香基具有很强的刚性，在主链上含量越多，链的柔顺性越差，则玻璃化转变温度和熔点越高，耐热性能越好。对位芳香聚酰胺的主链结构有高度规整性，具有机械强度和弹性模量高、耐高温、阻燃、密度低、耐疲劳、耐化学腐蚀性能好等特点；间位芳基相互连接，结构规整性弱于对位芳香聚酰胺，大分子链呈现柔软性结构，强度模量及耐热性稍低。

（3）酰胺基　分子含有许多极性很强的酰胺基团—NH—CO—，具有亲水性，酰胺基团比例越高则聚酰胺吸水性越强。这个基团氢原子与另一个分子链上的羰基基团可以缔合成相当强的氢键，氢键的形成有利于大分子在一定程度上定向排列，所以聚酰胺通常都有较高的结晶度；氢键的形成使聚酰胺熔点升高，制品具有优良的强度、韧性、耐油和耐溶剂性及优异的力学性能。

（4）氢键　不同品种的聚酰胺其单体所含碳原子数不同，使分子链之间所能形成的氢键比例数及氢键沿分子链分布的疏密程度不同，从而使不同聚酰胺的结晶能力和熔点有明显差别。分子链上的酰胺基间形成的氢键比例越大，材料的结晶能力就越强，熔点越高。

3.1.4.2　结构对热性能的影响

亚甲基含量增加熔点下降；氢键比例越高，材料结晶能力越强，熔点越高，PA46＞PA66＞PA6＞PA610＞PA1010。聚酰胺的熔点在 $180\sim280℃$，品种不同，差别较大。亚甲基含量对聚酰胺性能的影响存在奇偶效应，含有偶数亚甲基的聚酰胺熔点高于相邻两个奇数亚甲基聚酰胺的熔点。偶数亚甲基聚酰胺，酰胺基可 100% 形成氢键。奇数亚甲基酰胺可 50% 形成氢键。氢键对聚酰胺熔点高低起决定作用，如果没有氢键，则聚酰胺将转为无定形，失去结晶能力。

3.1.4.3　结构对力学性能的影响

脂肪族聚酰胺是典型的硬而韧的聚合物，综合力学性能优于通用塑料。尼龙分子链中含有极性酰胺基团，分子间形成氢键，具有结晶性，分子间相互作用力大，因此有较好的机械强度和模量，但强度和模量随着主链中亚甲基的增加而下降，冲击强度提高。主链中导入环状和芳香族结构，也将提高机械强度和耐热性能，但使加工性能下降。

3.1.5　聚酰胺的加工方法

PA 吸水率高，在成型前必须对树脂进行干燥。采用真空干燥，干燥温度 $80\sim90℃$，时间 $10\sim12h$，含水率 $<0.1\%$。干燥时高温容易氧化变色。

主要加工方法：注塑（最重要）、挤出、模压、吹塑和浇铸成型。

熔体黏度低，注塑中会有流涎现象，需采用自锁式喷嘴防止流涎。成型中分子链取向对剪切速率不太敏感，因此成型压力对制品性能影响较小。由于 PA 容易分解降低制品性能，特别是外观性能，应避免采用过高的熔体温度和过长的加工时间。

PA 的结晶性使成型收缩率较高，一般为 $1.5\%\sim2.5\%$，同时由于结晶的不完全性和不均匀性，会使制品在成型后出现后收缩，产生内应力，应对成型后制品进行热处理。

3.1.6　聚酰胺的主要应用领域

PA 利用其良好的耐热性、耐化学药品性、介电性能、耐磨损性、耐疲劳性、刚性、韧性和良好的加工性能，主要用于交通、电子电气、器具、工业制品和包装领域。

（1）汽车工业（图 3-2）　软管（制动软管、燃油管）、燃烧油过滤器、空气过滤器、机油过滤器、水泵壳、水泵叶轮、风扇、制动液罐、动力转向液罐、百叶窗、前大灯壳、安全带等。PA66 约占汽车市场 PA 树脂用量的 70%。

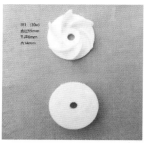

图 3-2　汽车发动机风扇与水泵叶轮

（2）电子电气工业　线圈绕线器、接线柱、电视机调谐元件、高压安全开关、软管电线保护套（图 3-3）等。

图 3-3　PA 软管电线保护套

（3）机械和化学工业（图 3-4）　各种类型的机械零件、轴承、齿轮、输油管、储油容器等。

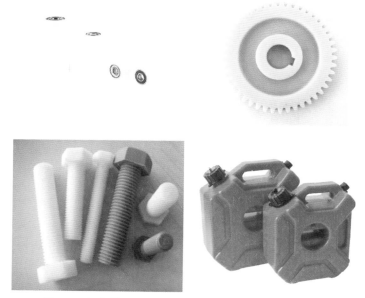

图 3-4　尼龙轴承、尼龙齿轮、尼龙螺钉、尼龙包装盒

（4）电线电缆通信业　主要是 PA6，用作电线 PVC 绝缘的保护层、高压密封圈（图 3-5）等。

图 3-5　高压密封圈

（5）薄膜及日常用品（图 3-6）　PA 薄膜包括单层膜、多层复合材料和挤出涂层。用于薄膜 90％的是 PA6，用量最大的 PA 薄膜是食品包装薄膜。

图 3-6　聚酰胺薄膜、聚酰胺材料的男士夹克

3.1.7　其他聚酰胺

3.1.7.1　透明聚酰胺

（1）特点　透明性透明聚酰胺（尼龙）是一种几乎不产生结晶或结晶速率非常慢的特殊聚酰胺。它通过采用向分子链中引入侧基的方法来破坏分子链的规整性，抑制晶体的生成，从而获得透明聚酰胺。

根据其结构大致分为三类：半芳香族透明尼龙、芳香族透明尼龙和脂肪族透明尼龙。

（2）性能　透明聚酰胺的透光率可达 90％以上，而且同时具有很好的力学性能、热稳定性、刚性、尺寸稳定性、耐化学腐蚀性、耐划痕、表面硬度等特性。

（3）应用　透明聚酰胺可用于油箱、输油管、打火机油槽、流量计套、过滤器盖、滤杯、断路器和高压开关壳体、继电器、连接器等，特别在光学仪器、精密部件、计量仪表、食品包装、高档体育器材等方面有广泛应用。

① 聚对苯二甲酰三甲基己二胺

$$+\overset{O}{\underset{}{C}}-\text{（）}-\overset{O}{\underset{}{C}}-NH-CH_2-\underset{CH_3}{\overset{CH_3}{C}}-CH_2-\underset{CH_3}{\overset{CH_3}{CH}}-CH_2-CH_2-NH+_n$$

简称尼龙 TMDT，商品名为"Trogamid T"，是一种非晶形透明的半芳香族尼龙。最大的特点是具有持久的、玻璃一般的透明性，本色树脂可见光透过率可达 80%～90%。

尼龙 TMDT 是最先由德国 Dynamit Nobel 公司开发并首先工业化的透明尼龙，其耐热性、力学性能、机械强度和刚性与 PC 和聚砜相当。

② PACP9/6。由 2,2-双（4-氨基环己基）丙烷与壬二酸和己二酸进行共缩聚所得。

$$\left[\text{HN}\underset{}{\bigcirc}\overset{\text{CH}_3}{\underset{\text{CH}_3}{\text{C}}}\bigcirc\text{NH}-\text{CO}-(\text{CH}_2)_x\text{CO}\right]_n$$

具有比 Trogamid-T 更高的透光率、优异的力学性能、耐热性等，有良好的成型加工性。

3.1.7.2 铸型聚酰胺

铸型聚酰胺又称为 MC（monomer cast）聚酰胺，是 20 世纪 60 年代初采用己内酰胺阴离子聚合技术发展起来的新型工程塑料。

（1）加工方法 将聚酰胺 6 直接浇注到模具内进行聚合并制成制品。MC 聚酰胺的相对分子质量可以高达 3.5 万～7 万，比一般聚酰胺 6 提高了 1 倍。

（2）性能特点 低密度、机械性能好、低摩擦系数、低磨损、耐磨自润滑性、吸噪声、减震和高化学稳定性等。

（3）应用领域 造船、动力机械、矿山机械、冶金、通用机械、汽车、造纸等工业部门。

3.1.7.3 改性聚酰胺

通过对现有尼龙进行物理改性和化学改性，赋予其新的结构、性能和应用领域。改性品种很多，如增强、增韧、阻燃、抗静电、抗氧化和纳米尼龙等。

聚酰胺主要采用玻璃纤维为增强材料。用玻璃纤维增强的聚酰胺，其力学性能、耐蠕变性、耐热性及尺寸稳定性在原有的基础上可大幅地提高。例如，用 30% 玻璃纤维增强的聚酰胺 66，其拉伸强度可以从未增强的 80MPa 增加到 189MPa，热变形温度从 60℃增加到 148℃，弯曲模量从 3000MPa 增加到 9100MPa。

3.1.7.4 超支化聚酰胺

具有酰胺结构的超支化聚合物是近年酰胺研究的一个方向。如罗地亚公司开发的高强度高弹性模量非线形支化尼龙新品种 Technyl Star，是基于聚合创新技术的新型 PA66，具有以下特点：

① 保持尼龙产品原有的耐热性、力学性能和化学性能。

② 制品具有很高的刚性，性能水平可与 PPA、PA46 相媲美。

③ 优良的熔融流动性，能充分渗入、填充至增强纤维内部，同时还能提供精湛的界面。

④ 尺寸稳定性好，在较宽温度范围和湿度环境下保持长期稳定性，耐老化性能优异。

思 考 题

1. 简述脂肪族聚酰胺分子结构特点和性能。

2. 氢键对聚酰胺分子性能的影响规律是什么？如果没有氢键聚酰胺分子性能会有何变化？

3. 试述 PA6 和 PA66 的性能的区别是什么？为什么会有这样的区别？

4. 聚酰胺增强后性能有哪些变化？增强 PA6 与一般聚酰胺性能有何差别？原因何在？

5. 什么样的溶剂才能溶解聚酰胺？说明原因。

6. 说明聚芳酰胺结构特点和性能特点是什么。

7. 解释透明聚酰胺具有透明性的原因。

8. 设想从分子设计的角度如何制备出强度更高的聚酰胺。

3.2　聚　碳　酸　酯

3.2.1　聚碳酸酯概述

3.2.1.1　聚碳酸酯简介

聚碳酸酯（Polycarbonate）简称 PC，是指分子主链中含有（—O—R—O—CO）—链节的线形高聚物。目前最具有工业价值的是芳香族聚碳酸酯，其中以双酚 A 型聚碳酸酯为主。双酚 A 型聚碳酸酯的结构式如下：

PC　　　　　　　　　　n 为 $100 \sim 500$

3.2.1.2　PC 的一般物性

（1）透明的无色或微黄色强韧固体（图 3-7）。

图 3-7　聚碳酸酯粒料

（2）无味、无毒，着色性好。

（3）氧指数为 25%，具有自熄性。

（4）折射率 1.5890。

（5）介电常数 $2.97 \sim 3.17$。

3.2.1.3 发展历史

1958 年德国 Bayer 公司以中等规模在全球第一个实现了熔融酯交换法双酚 A 型聚碳酸酯的工业化生产，商品名为"MakroLon"，中文名称为"模克隆"。

3.2.1.4 生产现状

2017 年全球 PC 产能约为 550 万 t，国内 PC 产能为 94.5 万 t。2019 年以来国内 PC 生产装置陆续投产，国内产能迅速提高。

3.2.2 聚碳酸酯的合成工艺

目前工业化生产中所采用的合成工艺为酯交换法和光气法。

（1）酯交换法 在碱性催化剂、高温、高真空的条件下，使双酚 A 与碳酸二苯酯进行酯交换，脱出苯酚，缩聚成聚碳酸酯，可得相对分子质量为 $2.5 \times 10^4 \sim 5 \times 10^4$ 的 PC。不使用溶剂，也不使用有毒的光气，聚合反应过程比较环保，是目前 PC 合成的一个发展方向。

（2）光气法 将双酚 A 先转变成钠盐，以双酚 A 钠盐的 NaOH 水溶液为一相，以通入含有光气的二氯甲烷为另一相，在常温常压下进行界面缩聚。可得相对分子质量为 $1.5 \times 10^5 \sim 2.0 \times 10^5$ 的 PC。目前约 90% 的 PC 用该法合成。

3.2.3 聚碳酸酯的综合性能特点

（1）力学性能 PC 具有均衡的刚性和韧性，拉伸强度高达 50～70MPa，有突出的冲击强度，在一般工程塑料中居首位，抗蠕变性能优于聚酰胺和聚甲醛，尺寸稳定性好。缺点是易产生应力开裂、耐疲劳性差、缺口敏感性高、不耐磨损等。

（2）热性能 PC 玻璃化转变温度和软化温度分别高达 150℃和 240℃，热变形温度达 130～140℃。又具有良好的耐寒性，脆化温度为 −100℃，长期使用温度为 −100～130℃。

（3）热导率及比热容都不高，线膨胀系数较小，阻燃性好，并具有自熄性。

（4）电性能虽不如聚烯烃类，但仍具有较好的电绝缘性。可在很宽的温度和潮湿的条件下保持良好的电性能，适合于制造电容器。

（5）具有一定的耐化学药品性，有很好的耐候和耐热老化的能力。

（6）透光率很高，为 87%～91%，折射率为 1.587，可用作透镜光学材料。

3.2.4 聚碳酸酯的结构与性能

（1）PC 结构与热性能 苯环是刚性的，酯基与两个苯环构成共轭体系，增加了主链刚性，分子链上的与苯环相连的异丙撑基空间位阻大，限制了分子链的旋转，导致PC 分子具有很好的刚性和耐热性。热变形温度和最高连续使用温度均高于大多数脂肪族 PA、聚甲醛和 PBT。PC 的热导率和比热容都不高，是良好的绝热材料。由于分子刚性强，线膨胀系数小。

（2）PC 结构与力学性能　PC 分子的芳香结构和酯基苯环共轭结构使分子具有很好的刚性和稳定性，而碳酸酯基的极性又使分子链间的作用力增大；同时异丙撑基和醚键使 PC 分子链具有一定的柔顺性；因此，PC 分子具有良好的综合力学性能。

（3）PC 结构与电性能　碳酸酯基具有一定的极性，PC 分子链上苯撑基和异丙撑基存在使 PC 成为弱极性聚合物，因此，虽然其电性能不如聚烯烃，但仍可在较宽温度范围内保持良好的电性能。

（4）PC 结构与化学性能　由于酯基存在，PC 在高温下易发生水解现象，不耐碱；常温下不与醇、油、盐和弱酸等作用；卤代烃是 PC 的良好溶剂，具有良好的耐候和耐热老化性能，户外暴露两年，性能基本不变。

（5）PC 结构与透明性　由于 PC 分子主链的刚性、苯环酯基的共轭、异丙撑基的空间位阻，导致 PC 从熔融温度降低到结晶温度之下时来不及结晶，只能得到无定形材料，因而具有了优良的透明性。

3.2.5　聚碳酸酯的加工方法

PC 可以采用注塑、挤出、吹塑、真空成型、热成型等方法成型，主要采用的是注塑、挤出和吹塑。

PC 在加工前必须严格地进行干燥，干燥温度 100℃，时间 4～6h。

由于 PC 有较高的熔融温度、大的熔融黏度，流动性差，所以成型时要求较高的温度和压力，同时为减小制品内应力，尽可能提高熔体温度和模具温度。制品的内应力，可采用后处理消除，否则会引起自然开裂现象，一般 125℃后处理 24h。

注塑成型料筒温度 250～290℃，注射压力 70～150MPa，模温 70～100℃，螺杆转速 40～70r/min，塑化压力 0.35MPa。

挤出成型料筒温度 250～255℃，机头温度 220～230℃，口模温度 210℃，螺杆转速 10.5r/min。

PC 可以吹塑中空容器，也可吹塑薄膜。

3.2.6　聚碳酸酯的主要应用领域

（1）光学材料（图 3-8）　光盘、镜片、光学透镜等。

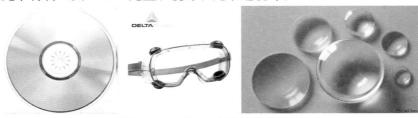

图 3-8　PC 光盘、镜片、光学透镜

（2）建筑行业（图 3-9）　如制作成 PC 中空阳光板，高层建筑幕墙，候车室及机场、体育馆的透明顶棚等。

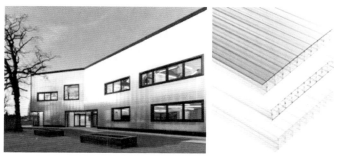

图 3-9　PC 透光板材

（3）电子电气（图 3-10）　重载插头座和墙壁插板、连接器、调制解调器外壳、终端接线柱、光纤电缆缓冲管等。

图 3-10　PC 电表箱、PC 插座

（4）用作食物包装　如制作成饮水桶、茶杯及婴幼儿奶瓶等。

（5）汽车领域（图 3-11）　用途主要集中在照明系统、仪表板、加热板、除霜器以及 PC 合金制的保险杠等。

图 3-11　PC 灯罩、PC 后车窗

（6）医疗器械和办公、通信设备（图 3-12）　PC 大量用于制造办公设备、通信设施和电子电气设备的外壳，如计算机、打印机、复印机等办公设备的外壳。

图 3-12　电器外壳

3.2.7　其他聚碳酸酯类聚合物

这类 PC 聚合物主要是增强聚碳酸和聚碳酸酯合金两类。

（1）增强聚碳酸酯　聚碳酸酯中常用的增强材料有玻璃纤维、碳纤维、石棉纤维、硼纤维等，用纤维增强后的聚碳酸酯，其拉伸强度、弯曲强度、疲劳强度、耐热性及耐应力开裂性可以明显提高，同时可降低线膨胀系数、成型收缩率以及吸湿性。但冲击强度会下降，加工性能变差。

玻璃纤维增强聚碳酸酯的力学性能已接近金属，而制件的变形量及应力开裂性等方面得到很大的改善，因此可用于金属镶嵌及某些电器零件等。

（2）聚碳酸酯合金　聚碳酸酯合金就是把聚碳酸酯与某些高聚物共混改性。主要的种类有：PC/ABS 合金、PC/聚酯合金、PC/聚甲醛合金、PC/聚乙烯合金。其中 PC/ABS 合金由于改善了 PC 的流动性，在 ABS 含量低于 30％的条件下同时保持了较高的力学性能和耐热性，因而在汽车、电子电气和办公设备中应用广泛。

思　考　题

1. 试述双酚 A 型聚碳酸酯的制备方法。
2. 试分析双酚 A 型聚碳酸酯的结构与性能的关系。
3. 双酚 A 型聚碳酸酯分子链是刚性链，为什么却具有优异的冲击韧性？
4. 双酚 A 型聚碳酸酯可以结晶吗？为什么一般总是得到无定形制品？
5. 双酚 A 聚碳酸酯有哪些工艺特性？对成型加工有何影响？
6. 双酚 A 聚碳酸酯具有高透明度的原因是什么？
7. 双酚 A 型聚碳酸酯的主要缺点是什么？如何克服这些缺点？

3.3　聚甲基丙烯酸甲酯

3.3.1　聚甲基丙烯酸甲酯概述

3.3.1.1　聚甲基丙烯酸甲酯简介

聚甲基丙烯酸甲酯（Polymethyl methacrylate），简称 PMMA，也叫亚克力或者亚加力，俗称有机玻璃。PMMA是非结晶的刚性硬质材料，也是一种优质的有机透明材料，其结构式如下：

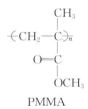

PMMA

3.3.1.2 一般物性

（1）外观 无色透明（图 3-13）。

图 3-13 PMMA 粒料

（2）密度 $1.18g/cm^3$。

（3）折射率 1.49。

（4）透光率 92%。

（5）雾度 不大于 2%。

（6）燃烧性 很容易燃烧，极限氧指数仅 17.3%。

（7）力学性能 硬而脆的塑料，具有良好的综合力学性能，但是其冲击韧性较差，在应力下易开裂。

（8）热性能 耐热性不高；玻璃化温度为 104℃，热变形温度约为 96℃，维卡软化点约为 113℃。

（9）电性能 良好的介电和电绝缘性能、优异的抗电弧性。

（10）耐化学品性 可耐较稀的无机酸、碱类、盐类、油脂类、脂肪烃类；不溶于水、甲醇、甘油等，但吸收醇类溶剂；不耐酮类、氯代烃和芳烃。

（11）气体阻隔性 对臭氧和二氧化硫等气体具有良好的抵抗能力。

（12）耐候性 优异的耐大气老化性。

3.3.1.3 发展历史

第二次世界大战期间因亚克力具有优异的强韧性及透光性，首先被应用于飞机的挡风玻璃和坦克司机驾驶室的视野镜。1948 年世界第一只亚克力浴缸的诞生，标志着亚克力的应用进入了新的阶段。其抗冲击能力比普通玻璃强 200 倍，几乎不会断裂。

3.3.1.4　主要生产厂家

PMMA 的生产厂家主要有：中国台湾奇美实业股份有限公司（Acryrex）、日本三菱人造丝公司（Shinkolithe）、美国罗姆·哈斯公司（Plexiglas）、美国杜邦公司（Lucite）、德国雷萨特-伊姆公司（Resart）、英国卜内门化学有限公司（Persex-PMMA）、韩国信亚株式会社（Claradex-PMMA）和韩国 LG 化学公司（Luey-PMMA）等。

3.3.2　聚甲基丙烯酸甲酯的合成工艺

PMMA 的工业化生产方法：甲基丙烯酸甲酯单体在引发剂的作用下按照自由基聚合机理进行聚合。

实施方法：本体聚合、悬浮聚合、乳液聚合、溶液聚合。本体聚合适于直接制备型材（板、棒、管等）；悬浮法适于制备模塑用的颗粒料或粉状料；溶液聚合与乳液聚合分别用于制备胶黏剂和涂料。

3.3.3　聚甲基丙烯酸甲酯的结构与性能的关系

（1）较大的侧甲酯基和 α 碳原子上的侧甲基的存在使分子链变刚，与聚乙烯相比，PMMA 的玻璃化温度有大幅度升高，达到 104℃。

（2）PMMA 具有良好的综合力学性能。

（3）侧甲酯基是极性基团，使聚合物的电性能比聚乙烯有所降低。

（4）分子链骨架上存在同时与侧甲基及甲酯基连接的不对称碳原子，使聚合物会存在三种空间异构现象，使分子结晶性差，呈现无定形的状态，这是 PMMA 具有优异的透光性的主要原因。

（5）含有极性侧基，使其具有较明显的吸湿性。

3.3.4　聚甲基丙烯酸甲酯的加工方法

3.3.4.1　加工特性

（1）PMMA 在成型加工的温度范围内具有较明显的非牛顿流体特性，提高成型压力和温度都可明显降低熔体黏度，取得较好的流动性。

（2）PMMA 开始流动的温度约为 160℃，开始分解的温度高于 270℃，具有较宽的加工温度区间。

（3）PMMA 熔体黏度较高，冷却速率较快，制品易产生内应力，成型时需对工艺条件控制严格，制品成型后也需要进行后处理。

（4）PMMA 切削性能甚好，其型材可很容易地机加工为各种要求的尺寸。

3.3.4.2　加工前预处理

PMMA 的吸水率一般在 0.3%～0.4%，成型前必须干燥，干燥条件为 80～100℃下干燥 4～6h。

3.3.4.3　加工方法

可采用浇铸、注塑、挤出、热成型等工艺来加工 PMMA 树脂。

（1）浇铸成型　浇铸成型用于成型有机玻璃板材、棒材等型材，浇铸成型后的制品需要进行后处理，后处理条件是 60℃下保温 2h，120℃下保温 2h。

（2）注塑成型　料筒温度 200～240℃，模具温度 40～80℃，注射压力 80～130MPa。所得制品需要进行后处理消除内应力，处理温度 70～80℃，时间 3～4h。

（3）热成型　热成型是将有机玻璃板材或片材制成各种尺寸形状制品的过程，将裁切成要求尺寸的材料夹紧在模具框架上，加热使其软化，再加压使其贴紧模具型面，得到与型面相同的形状。

3.3.5　聚甲基丙烯酸甲酯的主要应用领域

PMMA 的主要应用领域有：

（1）灯具、照明器材（图 3-14），例如各种家用灯具、荧光灯罩、汽车尾灯、信号灯、路标。

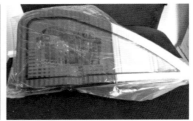

图 3-14　PMMA 灯具外壳

（2）光学玻璃（图 3-15），例如制造各种透镜。

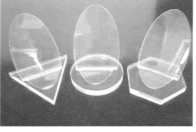

图 3-15　PMMA 玻璃

（3）制备各种仪器仪表表盘、罩壳、刻度盘、透明机箱、透明家具（图 3-16）。

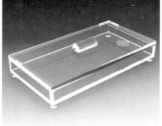

图 3-16　PMMA 透明外壳

（4）制备光导纤维（图 3-17）。

图 3-17 PMMA 光导纤维

（5）商品广告橱窗、广告牌（图 3-18）。

图 3-18 PMMA 广告橱窗与广告牌

（6）飞机座舱玻璃、飞机和汽车的防弹玻璃（需带有中间夹层材料）、建筑用玻璃（图 3-19）。

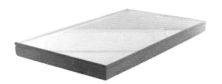

图 3-19 PMMA 防弹玻璃

3.3.6 其他聚甲基丙烯酸甲酯类聚合物

甲基丙烯酸甲酯与苯乙烯共聚物（85/15），简称为 372，其分子结构式如下：

372

3.3.6.1 372 树脂的特点

（1）比 PMMA 均聚物的成型流动性有所改善。

（2）比 PMMA 均聚物吸湿性减小。

（3）基本上保持了 PMMA 的力学性能和耐热性，透光率保持在 90% 以上。

思 考 题

1. 试分析一下 PMMA 的结构与性能的关系。

2. 有机玻璃板是如何加工的？有机玻璃管材是如何加工的？

3. PMMA 具有高透明度的原因是什么？其结构因素是什么？

4. PMMA 注塑加工中应注意哪些？温度控制应在什么范围？

5. PMMA 应用范围主要在哪些方面？应注意哪些问题？

3.4 聚 甲 醛

3.4.1 聚甲醛概述

3.4.1.1 聚甲醛简介

聚甲醛（Polyoxymethylene，POM），是产量仅次于聚酰胺与聚碳酸酯的第三大工程塑料。聚甲醛是五大工程塑料之一，是工程塑料中机械性能最接近金属材料的品种之一。聚甲醛由—(CH_2O)—重复单元构成主链，是一种无侧链、高密度、高结晶度的线形热塑性材料，综合性能优良，其结构式如下：

$$-[CH_2-O]_n-$$
POM

3.4.1.2 一般物性

（1）外观为白色粉末或粒料（图 3-20），硬而致密，表面有光泽，着色性好。

图 3-20　POM 粒料

（2）机械性能优异。刚性大、耐蠕变性和耐疲劳性好，具有突出的自润滑性和耐磨性。力学性能优异。

（3）优良的电绝缘性、耐溶剂性和易加工性。

3.4.1.3 发展历史

1955 年前后杜邦公司（Dupont）由甲醛聚合得到均聚甲醛，1959 年商品化，商品名为 Derlin。为了改善 Derlin 热稳定性，1961 年美国 Celanese 推出环氧乙烯与甲醛的共聚物（Celon 共聚甲醛）。此后，日本和欧洲也相继投产，中国于 20 世纪 60 年代中期开始聚甲醛的工业生产。

3.4.1.4　POM 主要品种

根据聚合单体不同分为均聚甲醛和共聚甲醛。

3.4.2　聚甲醛的合成工艺

均聚甲醛可由无水甲醛加成聚合或在水溶液或醇溶液中的缩聚而成，也可以通过三聚甲醛开环聚合而成，即三聚甲醛的六元环在催化剂三氟化硼-乙醚络合物的作用下开环聚合成为大分子。

共聚甲醛是以三聚甲醛与 $3\%\sim5\%$ 的二氧五环为原料，在催化剂三氟化硼-乙醚络合物的作用下反应而成。

两种聚甲醛在反应完成后都需要进行酯化反应或者醚化反应，去除不稳定的半缩醛端基。

3.4.3　聚甲醛的品种与性能特点

共聚甲醛和均聚甲醛结构上的区别导致其性能上不尽相同。与共聚甲醛相比，均聚甲醛由于结构规整结晶性高，具有更高的熔点和机械性能，但由于缺乏阻止甲醛解聚的 C—C 键，其热稳定性和耐酸碱性要弱一些。

3.4.4　聚甲醛的结构与性能的关系

（1）力学性能　POM 由于主链结构对称、没有侧链、柔性高、规整度高，因此结晶度高。共聚甲醛结晶度为 $70\%\sim75\%$；均聚甲醛的结晶度更高，可达到 $75\%\sim85\%$。聚甲醛中 C—O 键的存在使大分子自由旋转容易，导致聚甲醛熔体的流动性好，固体的冲击强度高。因此聚甲醛有着良好的力学性能、刚性。

POM 的抗疲劳性好、耐磨性优异、蠕变值低。由于具有自润滑作用，分子没有支链，其摩擦因数和磨耗量都很小，耐摩擦性能优异。

（2）耐热性　POM 具有较高的热变形温度，均聚甲醛和共聚甲醛在 0.46MPa 负荷下热变形温度分别为 170℃ 和 158℃。POM 的耐低温性好，玻璃化转变温度为 −40℃。

POM 热稳定性较差，主要是因为含有半缩醛结构，当加热至 100℃ 左右时可从其端基的半缩醛处逐渐解聚，当加热至 170℃ 左右时，可从其分子链的任何一处发生自动氧化反应而放出甲醛，甲醛在高温有氧时会被氧化成为甲酸，甲酸对聚甲醛的降解反应又有自动加速催化作用，因此聚甲醛的热稳定性较差。因此，常在均聚甲醛中加入热稳定剂、抗氧剂、甲醛吸收剂等助剂以满足加工的需要。

（3）电性能　聚甲醛分子链中 C—O 键有一定的极性，但由于高密度和高结晶度束缚了偶极矩的运动，从而使其仍具有良好的电绝缘性能和介电性能，且不随温度变化。

（4）化学性能　POM 为弱极性、高结晶聚合物，内聚能密度高，不易被化学介质腐蚀，特别是对油脂和烃、醇、酮、酯、苯等溶剂具有很高的抵抗性。

3.4.5　聚甲醛的加工方法

聚甲醛可通过注塑、挤出、中空吹塑、压制等方法加工成制成，其中注塑成型最为常用。

（1）聚甲醛吸水性较小，原料一般不必干燥，但干燥可提高制品表面光泽度。物料吸水率大于 0.25％时挤出需要干燥。

（2）聚甲醛的热稳定性较差，且熔体黏度对温度不敏感，因此加工中在保证物料充分塑化的条件下可提高注射速率来提高其物料的冲模能力。

（3）注塑加工温度一般在 160～195℃，为避免过量摩擦生热，螺杆转速不宜过高，一般为 50～60r/min。

（4）聚甲醛的结晶度高，成型收缩率大，可采用保压补料的方式防止其收缩。

（5）聚甲醛熔体的冷凝速度较快，容易导致制品表面产生缺陷，可采用提高模具温度的方法来减小缺陷。

（6）聚甲醛制品易产生残余应力，后收缩也非常明显，因此需要进行后处理。后处理所需的温度在 100～130℃，时间不超过 6h。

（7）POM 机械加工特性类似于黄铜，刚性好，可用车、锯、铣、穿孔、冲压、攻丝等机械加工方法加工，加工时发热较少。可采用机械连接、熔接和粘接等连接方法。

3.4.6　聚甲醛的主要应用领域

POM 主要用于替代有色金属制作各种机械结构零部件，在汽车工业、精密仪器、机械工业、电子电气和建筑器材领域有着广泛的应用。

（1）由于其自润滑、耐磨损、刚性和尺寸稳定好，特别适合于制作耐磨损及承受高载荷的零部件，如齿轮（图 3-21）、轴承、阀门（图 3-22）、壳体、泵体。

图 3-21　POM 齿轮

图 3-22　POM 轴承和阀门

（2）由于它还具有耐高温、耐水性好、耐油性好、不腐蚀特性，因此还用于汽车发动机燃油供给系统、工业管道器件（管道阀门、泵壳体）、灌溉设备等。

（3）由于聚甲醛具有介电损耗小、介电强度高等特性，也被用来制作电子电气零部件，如继电器、线圈骨架及计算机、电话、录音机、录像机的配件等（图 3-23）。

图 3-23　POM 电子配件

（4）由于其力学性能优异，在消费品工业中用于对材料物理机械性能要求高的制品中，如滑雪板、滑水板、冲浪板、帆船、背包带扣等。

（5）由于聚甲醛无毒无味，在起搏器、人工心脏瓣膜等医疗领域也有着一定的应用。

3.4.7　其他聚甲醛品种

（1）增强聚甲醛　目前所使用的增强聚甲醛通常以玻璃纤维作为主要的增强材料，采用玻璃纤维增强后，拉伸强度、拉伸模量与耐热性能会有明显提高，线膨胀系数、收缩率会有明显下降，但与此同时耐磨性、冲击强度会有所下降。增强聚甲醛的增强材料还有碳纤维、玻璃球等增强材料。

（2）耐磨聚甲醛　在聚甲醛中填充润滑材料，可明显提高聚甲醛的润滑性能，如石墨、聚四氟乙烯、二硫化钼、机油、硅油等。与纯聚甲醛相比，高润滑聚甲醛的耐磨耗性及耐摩擦性能明显提高，同时保留了其刚性和耐蠕变性等特性。

思　考　题

1. 请分析聚甲醛的分子结构组成与其性能的关系。
2. 请分析均聚和共聚聚甲醛分子结构组成与其性能的差异。
3. 请分析聚甲醛与聚丙烯相比在性能上突出的优势是什么？
4. 均聚和共聚聚甲醛在加工中的主要差异是什么？加工中应注意哪些问题？
5. 玻璃纤维增强的聚甲醛在性能上有什么改变？
6. 聚甲醛的注射温度应控制在什么范围？
7. 为什么都是柔性链的聚甲醛能够成为耐热性良好的工程塑料？

3.5　聚对苯二甲酸丁二醇酯

3.5.1　聚对苯二甲酸丁二醇酯概述

3.5.1.1　聚对苯二甲酸丁二醇酯简介

聚对苯二甲酸丁二醇酯（Polybutylene terephthalate，PBT）是一种机械强度高、耐疲劳性和尺寸稳定性好，抗老化性能优异，耐有机溶剂性好，流动性好易加工的线形饱和聚酯树脂，其结构式如下：

PBT

3.5.1.2 一般物性

（1）PBT 外观为乳白色半透明到不透明（图 3-24）、半结晶型热塑性聚酯，结晶度可达 40%。

图 3-24 PBT 粒料

（2）熔点 225～235℃。

（3）玻璃化转变温度为 20～40℃。

（4）无定形密度 1.286g/cm³，结晶密度 1.390g/cm³。

（5）吸水率 0.07%。

（6）不溶于有机溶剂，强酸和强碱可使其降解，52℃以上的热水长期浸泡可使其水解。

3.5.1.3 发展历史

PBT 最早是德国科学家 P. Schlack 于 1942 年研制而成，之后美国 Celanese 公司（现为 Ticona）进行工业开发，并以 Celanex 商品名上市，于 1970 年以 30% 玻纤增强的 PBT 产品投放市场，在这之后美国 Eastman 公司与美国通用公司也随之研发出同类工业化产品。

3.5.1.4 市场情况

现如今主要的生产厂家有 EG/沙伯基础创新公司、美国的杜邦、德国的 BASF、德国的 Ticona，德国的吉玛公司，日本的 Toray，三菱、中国的台湾长春、中国的台湾新光、中国的仪征化纤、南通星辰合成材料有限公司、新疆蓝山屯河聚酯有限公司等。国内 PBT 树脂截至 2015 年底总生产能力达到 90 万吨/年，单从生产规模来看，中国已经成为世界 PBT 树脂最大生产国，占总产能的 49%。

3.5.2 聚对苯二甲酸丁二醇酯的合成工艺

PBT 的原料为对苯二甲酸或对苯二甲酸二甲酯和 1,4-丁二醇，通过直接酯化或者酯交换的方法制备对苯二甲酸双羟丁酯，然后再缩聚反应制备 PBT。20 世纪 90 年代，随着德国吉玛公司直接酯化生产工艺的开发成功，工业化生产也开始使用直接酯化法。

3.5.3 聚对苯二甲酸丁二醇酯的结构与性能关系

PBT 分子链含有四个柔性的亚甲基、刚性的苯撑基和极性的酯基。苯撑基和酯基形成大共轭体系，增大了分子的刚性。

（1）PBT 结构与力学性能 PBT 分子无侧链，结构对称，较多的亚甲基使 PBT 分子易于结晶，具有高结晶度。PBT 的结晶性和刚性链段结构赋予制品高强度、高刚性和抗蠕变性。作为工程塑料使用的 PBT 通过短纤维增强可以使力学性能的各种强度成倍增长，优于同样条件下的 POM 和 PC。

（2）PBT 结构与热性能 PBT 由于具有较多的柔性亚甲基，热变形温度不高，为 55～70℃，通过玻纤增强改性后，热变形温度可达 210℃。

（3）PBT 结构与电性能 PBT 分子中没有强极性基团，其中的极性酯基分布密度不高，分子结构对称并具有几何规整性，电绝缘性能优良，且电绝缘性受温度和湿度的影响小，是电子、电器工业理想的材料。

（4）PBT 结构与耐溶剂性 PBT 对脂肪烃、醇、醚、弱酸、弱碱、盐类都具有耐溶解性，在芳烃、二氯乙烷、乙酸乙酯中会发生溶胀。由于 PBT 中酯基的存在，在热水和蒸汽、强酸和强碱作用下会发生酯基断裂分子降解，耐溶剂性能变差。

（5）PBT 结构与其他性能 PBT 具有良好的耐老化性；极限氧指数为 23%；摩擦因数小，仅大于氟塑料，与共聚甲醛相近。

3.5.4 聚对苯二甲酸丁二醇酯的加工方法

PBT 吸水性小，但在熔融状态下容易产生水解，因此在成型前需要进行预干燥排除水分。干燥条件为 120℃下干燥 3～6h，使含水量降低到 0.02% 以下。

PBT 由于结晶速率快，因此常用的加工方法为注塑，除此之外还可以用挤出、吹塑、涂覆和各种二次加工成型。注塑成型过程中料筒温度在 230～270℃，模具温度一般控制在 60～80℃，喷嘴温度达到 255℃，注射压力 6～10MPa。PBT 也可以挤出成型制造薄膜和片材，加工温度与注塑成型温度基本相同。

（1）PBT 在熔融状态下流动性好，黏度低，仅次于尼龙，可制得薄壁制品。在成型时易发生"流延"现象。

（2）熔体的黏度受温度的影响小于剪切应力的影响。因此，在注塑中，注射压力对 PBT 熔体流动性影响是明显。

（3）PBT 有较大的成型收缩率，用玻纤增强可有效改善 PBT 的收缩率。

3.5.5 聚对苯二甲酸丁二醇酯的主要应用领域

PBT 树脂主要用于电子电气、汽车制造、机械设备、精密机械零部件（图 3-25）。

（1）电子电气 利用 PBT 优良的耐热性、电绝缘性、阻燃性及成型加工性制造电子电气。加入玻纤后的 PBT 耐热性高，长期使用温度可达 135℃，具有优良的阻燃性、

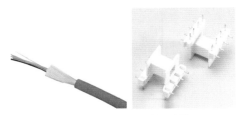

图 3-25　PBT 光纤与零件

耐锡焊性和高温尺寸稳定性。

（2）汽车制造　PBT 主要用于制造汽车外装和内装零部件以及汽车电子电气系统零件。

（3）机械设备　玻纤增强 PBT 广泛用于制造机械设备和办公自动化机器零部件。

（4）精密机械　PBT 已大量用于电子手表的制造。

3.5.6　聚对苯二甲酸丁二醇酯的改性

（1）玻纤增强 PBT　玻璃纤维是 PBT 最重要的共混添加物，可赋予共混 PBT 更高的弯曲模量、拉伸强度及弯曲强度与少量增加的悬臂梁式抗冲击性能，热变形温度也有所增加，但玻纤的取向导致制品的各向异性，易引起制品翘曲形变。

（2）无机物填充 PBT　无机矿物也是 PBT 的重要填充物之一，无机填料可改善结构稳定性，减小收缩率，降低热膨胀系数，提高 PBT 的模量与强度。常用的无机矿物有黏土、云母、硅石、钙硅石、重晶石、玻璃等。

（3）阻燃 PBT　由于电子电气制品多有阻燃要求，因而在电子电气中广泛应用的 PBT 在很多情况下需要进行阻燃处理。加入溴化环氧树脂/三氧化二锑、溴化聚苯乙烯/三氧化二锑或者二乙基次磷酸铝阻燃剂后，PBT 的阻燃性能可以达到 UL94V-0 级。

思　考　题

1. PBT 分子链段结构的特点是什么？它对材料的力学性能有何影响？

2. 玻璃纤维增强 PBT 与普通的 PBT 在性能上有哪些不同？主要的应用领域是什么？

3. PBT 加工时应注意哪些？PBT 加工时需要干燥吗？

4. PBT 的主要应用领域有哪些？

3.6　聚对苯二甲酸乙二醇酯（PET）

3.6.1　聚对苯二甲酸乙二醇酯概述

3.6.1.1　聚对苯二甲酸乙二醇酯简介

聚对苯二甲酸乙二醇酯（Polyethylene terephthalate，PET）是一种价格便宜，具有良好的成纤性、耐磨性、抗蠕变性、低吸水性以及电绝缘性和良好的力学性能的热塑性聚酯。在纤维、薄膜及工程塑料等领域有着广泛的应用，产量也远高于其他热塑性聚酯，分子式为 $(C_{10}H_8O_4)_n$，结构式如下：

PET

3.6.1.2　一般物性

（1）PET 为无色透明（无定形）或者乳白色固体（结晶型）（图 3-26）。

图 3-26　PET 粒料

（2）密度 $1.3 \sim 1.4 g/cm^3$，折射率 1.655，透射率 90%。

（3）PET 阻隔性好，对氧气、水和二氧化碳都有较高的阻隔性。

（4）吸水率低，并能保持良好的尺寸稳定性。

3.6.1.3　发展历史

1946 年英国发表了第一个制备 PET 的专利，美国杜邦公司购买专利后，1953 年建立了生产装置，在世界最先实现工业化生产。20 世纪 80 年代后，PET 作为工程塑料取得了重大进展，与 PBT 一起成了五大工程塑料之一。

3.6.1.4　市场现状

2019 年全球现有 PET 产能约 248 万吨，主要集中在亚洲、欧美及中东地区，其中欧美地区产能约 58 万吨，占比 23%，主要集中在美国、德国、荷兰等地；中东（沙特国际石化）产能 6.3 万吨，占比 2.5%；亚洲产能 184.2 万吨，占 74.5%，主要集中在中国、日本等地，中国大陆产能 130 万吨，占亚洲产能约 71%，占全球总产能约 54%。国外主要美国杜邦、美国泰科纳、德国巴斯夫、德国拜耳等公司；国内主要有康辉石化、开祥化工、新疆屯河、长春化学、南通星辰、仪征化纤等公司。

3.6.2　聚对苯二甲酸乙二醇酯的合成工艺

合成 PET 的合成工艺主要是以对苯二甲酸二甲酯或者对苯二甲酸和乙二醇为原料，通过酯交换或者直接酯化制备对苯二甲酸二乙二醇酯中间体，然后在高真空和熔融状态下，缩聚反应脱除乙二醇制备 PET。

3.6.3　聚对苯二甲酸乙二醇酯的结构与性能关系

PET分子链由两个柔性的亚甲基、刚性的苯撑基、极性的酯基组成，酯基与苯撑基形成大的共轭体系。PET分子链支化程度低，基团排列整齐，结晶度可达40%。

PET的分子链结构与PBT相近，二者PET仅比PBT少两个柔性的亚甲基。因此，相对于PBT，PET的分子柔性降低、刚性增大，材料的玻璃化转变温度、熔融温度升高；增大的分子链呈刚性，妨碍了分子链的结晶过程，结晶速度变慢。

（1）结晶性　PET分子的结构规整，属结晶性高聚物，但它的结晶速度慢，结晶温度高，所以制品结晶度不太高，可制成透明度很高的无定形制品。

（2）力学性能　由于PET的大分子链中具有均衡的柔性、刚性、极性以及共轭结构，因而获得了较高的拉伸强度、刚性和硬度、良好的耐磨性、耐蠕变性等力学性能，并可以在较宽的温度范围内保持这种良好的力学性能。

（3）热性能　PET玻璃化转变温度为67～80℃，热变形温度85℃，熔融温度250～260℃，最高连续使用温度可达到120℃，并且可在150℃下短时间使用。PET的结晶性、刚性和共轭结构使其具有良好的热性能，结晶的PET中微晶体起着类似交联的作用，大分子链段运动受到一定的约束，使得PET可以在较高的温度下使用。玻纤增强后期耐热性可进一步提高。

（4）电绝缘性　PET的玻璃化转变温度高于室温，在室温下酯基处于不活动状态，分子偶极定向受到极大限制，因此具有优良的电绝缘性能。

（5）耐溶剂性　PET对非极性溶剂稳定，对极性溶剂在室温下稳定。在强酸、强碱或水蒸气作用下酯基容易分解，氨水水解作用更强，但在高温下可耐高浓度的氢氟酸、磷酸、甲酸、乙酸。

（6）耐候性　能在室外长时间保持优良的力学性能，室外暴露6年，力学性能仍可保持初始值的80%。

3.6.4　聚对苯二甲酸乙二醇酯的加工方法

PET可以挤出、注塑和吹塑成型。吹塑成型聚酯瓶应选用高黏度PET树脂。

PET吸水性较小，但容易引发水解，所以加工前必须干燥。干燥温度在130～140℃，时间在2～4小时。干燥后，PET含水量应在0.02%以下，过高的水含量将会导致PET在加工过程中水解断链。

PET分子熔点为260℃，加工温度较高，当加工温度达到PET熔点后，熔体黏度会迅速下降。

（1）挤出成型　加料段210℃，塑化段温度280℃，扁平口模挤出温度285～300℃，挤出成型主要用于加工PET片材，如PET的双向拉伸BOPET薄膜。

（2）吹塑　吹塑主要用于聚酯瓶的生产。

（3）注塑　PET注塑成型时应低于300℃，否则树脂会引起热分解。注塑模具温度100～120℃，表面光泽度高。

3.6.5　聚对苯二甲酸乙二醇酯的主要应用领域

PET 广泛用于制造纤维（涤纶）、薄膜、聚酯瓶、工程塑料等。

（1）PET 纤维是目前工业化生产规模最大的聚酯纤维，用于制造涤纶短纤维和涤纶长丝（图 3-27），是供给涤纶纤维企业加工纤维及相关产品的原料，是化纤中产量最大的品种。

图 3-27　PET 纤维

（2）PET 瓶与 PET 薄膜具有质量轻、强度高、韧性好、透明度高、可取向性、阻隔性好，化学稳定性好等优点，广泛应用于包装业、电子电气、医疗卫生、建筑、汽车等领域，其中包装是聚酯最大的非纤应用市场，同时也是 PET 增长最快的领域（图 3-28）。

图 3-28　PET 瓶与薄膜

（3）PET 通过玻纤、碳纤、矿物填料或者云母等材料进行增韧改性，从而适用于电子电气和汽车行业，主要用于各种线圈骨架、变压器、电视机等部件和外壳、汽车底座、灯罩等（图 3-29）。

图 3-29　PET 灯罩与 PET 汽车保险杠

3.6.6　聚对苯二甲酸乙二醇酯的改性

3.6.6.1　共聚改性

共缩聚是合成改性聚酯的主要方法，通过改性 PET，对 PET 的性能进行改善。共聚酯改性品种可分为添加刚性组分与添加柔性组分两种。

3.6.6.2　共混改性

（1）增强增韧 PET　PET 与弹性体共混能改进 PET 韧性提高冲击强度。

（2）结晶改性 PET　提高结晶速度和改善成型性用以发展结晶性，主要通过加入成核剂加快结晶速度或加入添加剂降低玻璃化转变温度来实现。

（3）低翘曲 PET　玻纤增强 PET 中玻纤的取向使制品产生翘曲，通过添加云母等片状物质，可得到低翘曲 PET。

（4）用于与 PET　共混改性的聚合物有聚烯烃、聚酯、聚醚、橡胶与聚酰胺等。由于 PET 为极性聚合物，而与它共混的聚合物极性一般都比较低，而个别高极性的聚合物也会因结构上差异太大导致相容性不好，因此共混的关键问题在于可混性。PET 的共混改性研究主要有 PET/PE、PET/PP、PET/PEN、PET/PBT、PET/PA、PET/PC 等。

思　考　题

1. PET 分子结构与 PBT 相比有何区别？这些不同造成二者在性能上有何差异？
2. PET 分子中芳香结构多于 PBT，但是材料结晶度通常低于 PBT 的原因是什么？
3. 你能解释一下为什么可乐瓶使用 PET 来生产？使用 PP 可以吗？
4. 请列举 PET 工程塑料的三个典型应用。

3.7　聚　苯　醚

3.7.1　聚苯醚概述

3.7.1.1　聚苯醚简介

聚 2,6-二甲基-1,4-苯醚简称聚苯醚（Polyphenylene oxide，PPO），具备较好的电绝缘性能及优异的耐水性，其介电性能居塑料首位，且在耐高温塑胶中价格较为低廉。但 PPO 熔体黏度高、流动性差、制品易于开裂，抗冲击性能及耐热性能会随时间而降低，以上问题限制了 PPO 的应用。通过与 PS 和 HIPS 共混或分子引入侧链方式改善加工性能后，使 PPO 得到了迅速发展。PPO 结构式如下：

PPO

3.7.1.2　一般物性

（1）外观　白色颗粒（图 3-30）。

（2）相对密度　1.06。

（3）玻璃化转变温度 211℃，熔点 268 ℃，热变形温度 190℃，热分解温度 350℃。

图 3-30　PPO 颗粒

（4）吸水率　0.06%～0.07%。

（5）阻燃，不熔滴，具有自熄性。

（6）线膨胀系数低，尺寸稳定性好。

3.7.1.3　发展历史

1915 年在美国 Huntuer 首先以无取代基的苯酚单体为主制备了相对分子质量较低的 PPO，1965 年美国 GE 公司实现了工业化生产，1967 年，美国 GE 公司又成功实现了改性工程塑料聚苯醚 PPO；国内于 20 世纪 60 年代开始发展 PPO 技术，目前国内唯一 PPO 生产厂家为蓝星化工新材料股份有限公司，年产万吨。

3.7.1.4　当前市场状况

当前市场上应用最多的为 MPPO（PPO 与其他塑料共混形成工程塑料合金，MPPO 产量占 PPO 总产量的 90%），MPPO 优良的综合性能及众多品级使其成为世界第五大通用工程塑料。

3.7.2　聚苯醚的合成工艺

PPO 以 2,6-二甲酚为单体，以氯化亚酮为催化剂，在溶剂中通入氧气进行氧化偶合缩聚反应制得。反应式如下：

$$n\ \underset{CH_3}{\overset{CH_3}{\bigcirc}}-OH\ +O_2 \longrightarrow \underset{CH_3}{\overset{CH_3}{\left[\ \bigcirc\ -O\ \right]}}_n +n\,H_2O$$

3.7.3　聚苯醚的结构与性能的关系

PPO 的大分子结构简单，分子主链由二甲基取代芳环和醚键相互交替构成。

（1）PPO 结构与力学性能关系　大量甲基取代苯环的存在使分子链段内旋转的位垒增加，大分子呈现刚性，受力时形变小、尺寸稳定，具有低蠕变、高模量和高冲击强度的性能，其拉伸强度和抗蠕变性在工程塑料中最好；但甲基取代苯环也阻碍了大分子结晶和取向，外力强迫取向后，不易松弛，制品中残余内应力难以自行消除，易应力开裂。

大量醚键的存在使分子主链具备一定的柔性，使 PPO 具有优良的抗冲击性能和低温性能，在 0K 仍能保持较好的冲击性能。

（2）PPO 结构与化学性能　分子链中的两个甲基封闭了酚基两个邻位的活性点，使 PPO 稳定性增强、耐化学腐蚀性提高；因 PPO 分子链中无可水解的基团，所以对水、酸、碱、盐都具有很好的抵抗能力。可被卤代烃和芳香烃所溶解。

（3）PPO 结构与耐候性　PPO 中含有酚氧基，在长期高温空气中会发生热氧化交联或支化形成凝胶，使冲击强度降低；长期暴露在紫外光下，上述氧化反应会加速，性能降低。户外使用最好加入炭黑等紫外线屏蔽剂。

（4）PPO 结构与电性能　PPO 无明显极性，电绝缘性能极其优异，介电常数和介电损耗在工程塑料中最低，且几乎不受温度、湿度和频率的影响。体积电阻和介电强度在一般工程塑料最高。

3.7.4　聚苯醚的加工方法

PPO 可采用注塑、挤出成型、吹塑成型和热成型等方法加工。PPO 熔体接近牛顿流体，表观黏度主要受温度影响较大，对剪切速率不敏感。PPO 为无定形聚合物，成型收缩率小（0.2%～0.65%）；熔体黏度高，加工时需要提高温度并增加注射压力提高熔体充模流动性。

（1）加工前，将聚苯醚放置在 110℃的烘箱中干燥 2h 左右，以避免加工过程中水分的影响导致制品的表面形成银丝、起泡。

（2）注塑成型是 PPO 的主要加工工艺，料筒温度一般为 260～320℃，模具温度 110～150℃，注射压力 120～200MPa；当采用挤出成型工艺时，制品一般需要经后处理以减小或消除内应力。

3.7.5　聚苯醚的改性品种与性能

PPO 熔体流动性较差，加工困难，易应力开裂，从而限制了 PPO 在市场上的应用，目前市场上通用的主要为改性聚苯醚 MPPO，改性后的产品具备优良的综合性能。MPPO 主要包含以下几种品种：

（1）PPO/PS（聚苯乙烯）合金，PPO 与 PS 或 HIPS 可以按任何比例混合，制备的合金具备良好的加工性能、物理性能、耐热性和阻燃性，并且目前 PPO/PS 合金已被商业化。

（2）PPO/ABS 合金，具备很好的抗冲击性能、耐应力开裂性、耐热性和尺寸稳定性，并可以电镀使其表面金属化。

（3）PPO/PPS（聚苯硫醚）合金，能进一步提高 PPO 的耐热性、加工性。

（4）PPO/PA（聚酰胺）合金，具备高韧性、尺寸稳定性、耐热性、化学稳定性以及低磨损性。

（5）玻璃纤维增强 PPO，玻璃纤维可以提高 PPO 的力学性能以及耐热性能等。

3.7.6　PPO 主要应用领域

PPO 主要应用于电子电气、家用电器、汽车、仪器仪表、办公机器等。由于具有优异的绝缘性，在电子电气中适于制备在潮湿且有载荷条件下的电绝缘部件；在汽车工业中，由于具有优异性能和成本均衡性，用于取代原来的铸铁和铝压铸件以及一些工程塑料，适用于汽车内饰和外饰部件等；由于具有良好的表面性质和阻燃性，在家用电器和办公设备方面也取得了良好的应用。

思 考 题

1. 试从结构和性能的关系推测 PPO 为什么具有以下性能：加工性能差、高耐热性、尺寸稳定性、电绝缘性。

2. PPO 性能的主要的特点（优缺点）是什么？

3. PPO 在加工中应注意哪些问题？其注塑时温度应控制在什么范围？

4. PPO 的主要应用领域在哪些方面？产品的特点是什么？

5. 改性聚苯醚目前主要有哪几个品种？特点是什么？

3.8 其他热塑性聚酯

3.8.1 聚对苯二甲酸环己撑二甲醇酯

聚对苯二甲酸环己撑二甲醇酯是耐高温半结晶的热塑性聚酯，它是 1,4-环己烷二甲醇与对苯二甲酸二甲酯的缩聚产物，简称 PCT，结构式如下：

PCT

PCT 树脂由美国 Eastman Kodak 公司于 20 世纪 70 年代初工业化，最初用作地毯纤维和薄膜。80 年代中期，美国 GE 公司为寻求一种适于电子工业表面贴装技术（SMT）的耐热工程塑料，开发了其在工程塑料方面的应用。PCT 工程塑料有近 20 多个品种牌号。

PCT 的最突出的性能是它的耐高温性，PCT 的长期使用温度高达 171℃，PCT 的熔点为 290℃，热变形温度值高于 PET 和 PBT。

PCT 的耐热性好，低结晶，防起雾，是具有高强度和良好光学性能的透明聚合物，可用挤出和注塑方法加工。PCT 具有优良的热稳定性和加工性，成膜收缩率仅 0.2%；具有物理性能、热性能和电性能的最佳均衡，也显示了低的吸湿性和突出的耐化学药品性。PCT 及其共聚物与其他工程塑料共混制备的 PCT 合金具有优异的光学透明性、韧性、耐化学药品性、高流动性和光泽度。

PCT 工程塑料分为纯 PCT 树脂、PCT 共聚酯及 PCT 合金三大系列产品。PCT 共聚酯是以对苯二甲酸（或二甲酯）和 1,4-环己烷二甲醇为主，加入第三单体，或加入其他二元酸（或二元醇）共聚而得的产物。合金则是 PCT 与其他树脂如聚碳酸酯（PC）共混制得的材料（PCT/PC）。

PCT 经注塑、挤出、模压等成型工艺，制得各种制品。

PCT 常以混合料、共聚物和共混物的形式在很宽广的应用领域内使用，包括电子、电气工业、医疗用品、仪器设备、光学用品等。

3.8.2　聚萘二甲酸乙二醇酯

聚萘二甲酸乙二醇酯是 2,6-萘二甲酸或 2,6-萘二甲酸二甲酯与乙二醇的缩聚产物，简称 PEN，结构式如下：

PEN

PEN 具有优良的气体阻隔性、防水性、抗紫外线性、耐热性、耐化学药品性和耐辐射性。

20 世纪 90 年代，美国阿莫柯（Amoco）化学公司率先建立了 PEN 单体生产厂，推出了 PEN 纤维、薄膜、成型件等众多产品。PEN 最大的用途是制作薄膜和容器，胶卷、磁盘、纤维、电器行业的市场也日渐成熟。

PEN 的合成与 PET 的合成大同小异，采用熔融缩聚或熔融缩聚加固相缩聚的工艺方法，通过酯化（或酯交换）、预缩聚、缩聚几个步骤，可以获得符合特定要求的 PEN 树脂。

PEN 树脂的结构与 PET 相似，它以萘环取代 PET 中的苯环。PEN 的各项性能几乎全部优于 PET，其突出特点是耐热性好、强度高、气体阻隔性强，是一种综合性能优良的通用工程塑料。

PEN 的性能有以下特点：

（1）PEN 熔点高（265℃），与 PET 接近，长期使用温度大于 155℃，且耐热性好，它的玻璃化温度为 118℃，比 PET 高出 40℃以上。

（2）优良的力学性能，PEN 的模量高，强度大，拉伸强度比 PET 高 35%，弯曲模量高 5%。PEN 的力学性能稳定，即使高温、高湿条件下，其模量、强度、蠕变、寿命等的变化也很小。

（3）PEN 收缩率小（小于 PET、PA 等），即使湿、热条件下制品尺寸仍相对稳定，优于 PET。

（4）PEN 气体阻隔性好，PEN 具有与 PVDC 相当的气体阻隔能力，气体阻隔能力明显优于 PET，而且 PEN 的气体阻隔性不受环境湿度的影响。

（5）PEN 具有良好的化学稳定性，表现在 PEN 水解速度慢，为耐水解的聚酯；PEN 对有机溶剂和其他化学药品稳定。

（6）PEN 能阻隔紫外线，耐放射线辐射，PEN 制品透明性好，光泽度高，光稳定性好。PEN 的光稳定性约为 PET 的 5 倍。

（7）PEN 电绝缘性优良，具有与 PET 相当的电气性能，其介电强度、体积电阻率、导电率等均与 PET 接近，但其导电率随温度变化小。

PEN 目前主要用于制造薄膜和包装容器。双向拉伸 PEN 薄膜具有高强度、高刚性、优良的耐热性、气体阻隔性、耐水解性、耐辐射性等特点，而且可制成极薄薄膜。PEN 可用专用吹塑机进行吹塑成型，高温脱模生产 PEN 瓶，PEN 瓶具有优良的气体阻隔性、耐热性和力学性能。

3.8.3　聚萘二甲酸丁二醇酯

聚萘二甲酸丁二醇酯是 2,6-萘二甲酸和 1,4-丁二醇的缩聚物，简称 PBN，结构式如下：

PBN

PBN 开发的早期主要用于制备双向拉伸薄膜。随着移动电话和个人电子计算机的小型化高集成化，电子部件要进行表面装饰，与进行表面安装技术（SMT）相适应。PBN 引入萘环结构代替苯环，熔点提高到 245℃，并能多次回收再利用，被用于 SMT 技术。PBN 有以下特点：

（1）PBN 的结晶速度比 PBT 快，且流动性好，因而容易加工，成型周期短。

（2）PBN 的主链有萘环结构，用 PBN 制备薄壁制件要比用 PBT 制备的制件力学强度高。

（3）PBN 耐水解性比 PBT、PET 好。

（4）对气体和有机溶剂（包括汽油等）的阻隔性优良。

（5）PBN 有自润滑性，动摩擦因数小，因而有优良的耐磨耗性。PBN 的耐磨耗件要比 PBT 和聚甲醛都好。

（6）PBN 的耐热性比 PBT 高 20℃。

思　考　题

1. PCT、PBN、PEN、PBT、PET 分别代表哪几种聚酯？写出分子结构式。

2. 将熔点从高到低排序 PCT、PBN、PEN、PBT、PET，写出它们的玻璃化转变温度排列次序。

3. PEN 突出的性能特点是什么？PEN 与 PET 的结构区别是什么？由此引发了材料哪些性能变化？

4. PCT 共聚酯是由哪类单体共聚而成？其特点是什么？

第4章　特种工程塑料

特种工程塑料是指热变形温度在150℃以上，并具有较高机械强度的高分子材料。其最大特点就是具有优异的耐热性。

特种工程塑料的主链是由芳环和杂环组成的聚合物，既具有较高的热稳定性，又具有较高的机械强度，还具有优异的耐辐射和介电性能。

由苯环和萘环和连接基团组成的高分子称为芳环高分子，有聚苯醚、聚苯硫醚、聚芳砜、聚芳酮、芳香聚酯、芳香聚酰胺等。杂环高分子除芳环外还有大量的杂环结构，如聚苯并咪唑、聚苯并噁唑、聚苯并噻唑、聚噁二唑、聚三唑、聚三嗪、聚喹噁琳、聚酰亚胺。芳环高分子易于合成，已经形成了工业生产，而杂环高分子由于性价比低、合成困难，除聚酰亚胺外几乎都未能商品化。

4.1　聚四氟乙烯

4.1.1　聚四氟乙烯概述

聚四氟乙烯（Polytetrafluoroethylene 英文缩写为 Teflon，PTFE，F4），俗称"塑料王"，中文商品名"特氟龙"，是氟塑料中产量最大、用途最广的品种，占全部氟塑料用量的70%～80%，其结构式如下：

PTFE

图 4-1　聚四氟乙烯粉料

PTFE 是白色不透明的蜡状粉末（图 4-1），无臭、无味、无毒。熔点为 327℃，最高使用温度 260℃，静摩擦因数 0.02，是具有优异的耐高低温性、化学稳定性、电器绝缘性、润滑性、阻燃性、耐候性和较高力学强度的工程塑料。PTFE 是当今世界上耐腐蚀性能最佳的材料之一，除熔融金属钠和液氟外，能耐其他一切化学药品，在王水中煮沸也不起变化。

1938 年，美国人 R. J. Plumkett 研究氟制冷剂时偶然发现了 PTFE，在 1950 年，美国杜邦公司首先对 PTFE 进行了工业化生产。

目前国外主要生产 PTFE 厂家为美国杜邦公司，国内 PTFE 的主要生产厂家有山东东岳集团、中昊晨光化工研究所以及浙江巨化股份有限公司。截至 2018 年底，我国 PTFE 产能达到 12.9 万 t，占全球产能的 40％以上。表观消费量约为 6 万 t，其中进口 6340t，出口 2.29 万 t，即国内产量 7.66 万 t，产能利用率仅为 60％左右。

4.1.2　聚四氟乙烯的合成工艺

工业上，PTFE 的合成主要采用悬浮聚合和乳液聚合的方法。

（1）悬浮聚合法　将四氟乙烯自贮槽以气相进入加有水、引发剂（过硫酸铵和过硫酸钾）、活化剂（盐酸）的不锈钢聚合釜中，于 30～50℃，0.5～0.7MPa 压力下进行聚合，聚合时间 1～2h。悬浮法制备的 PTFE 树脂分为三类：微粉末、造粒料以及预烧结料。

（2）乳液聚合法　将四氟乙烯单体自贮槽以气相进入加有水、引发剂（过硫酸铵和过硫酸钾）、乳化剂（全氟辛酸铵）的不锈钢聚合釜中，于 20～25℃、2MPa 压力下进行聚合。反应结束后，所得分散液经搅拌、凝聚、洗涤、干燥后得到粒度比悬浮聚合时更小的粉状树脂。

4.1.3　聚四氟乙烯的结构与性能

（1）PTFE 的结构与力学性能　PTFE 是典型的软而弱的聚合物，结构如图 4-2 所示，其刚度、硬度、强度都较小，拉伸强度一般在 10～30MPa，与 PE 相当，拉伸弹性模量约 400MPa，略低于 HDPE，冲击强度则不及 PE。在应力长期作用下会产生变形，但断裂伸长率较高。PTFE 耐蠕变能力较差，容易出现冷流现象。

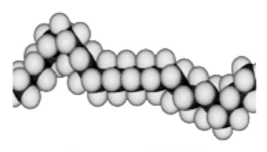

图 4-2　PTFE 结构示意图

PTFE 分子结构中，氟原子紧密地堆积在碳碳链骨架周围，形成了一个完全紧密的氟原子屏蔽层，并且每个碳原子连接的氟原子完全对称，成为完全的非极性聚合物，使聚合物分子间的吸引力和表面能降低，从而赋予 PTFE 极低的表面摩擦因数，是一种优异的自润滑材料。

（2）热性能 PTFE 氟原子在碳骨架周围连接和紧密堆积，分子刚性大，且碳—氟键极牢固。碳—碳键周围包围着氟原子，不易受氧原子侵袭，具有良好的热稳定性；分子链高度规整，高度结晶，使其具有高耐热性和高熔点。分解温度高于 400℃，长时间工作温度范围很宽，为 -250～260℃。具有极其优异的阻燃性能，极限氧指数在 95％以上，在火焰上熔融，不生成液滴，常用作抗滴落剂。PTFE 导热性差，易热膨胀、热疲劳、热变形；线膨胀系数大，与其他材料复合易变形开裂。

（3）电性能 由于非极性的结构特点，PTFE 具有极优异的介电和电绝缘性能。不随频率和温度变化，不受湿度和腐蚀性气体影响。PTFE 体积电阻率、表面电阻率在所有工程塑料最高，耐电弧性极好。

（4）耐化学药品性 PTFE 分子结构中，氟原子对碳骨架的屏蔽层和碳—氟键键合力很强，使聚合物链几乎不受任何化学物质的侵蚀。这使 PTFE 具有极其优异的耐化学腐蚀性，所有强酸、强碱、强氧化剂和盐类对 PTFE 皆无影响。

（5）其他性能 PTFE 对光的作用稳定，也不受臭氧影响，耐大气老化性能很突出。

PTFE 本身对人没有毒性，但是在生产过程中使用的原料之一全氟辛酸铵（PFOA）被认为可能具有致癌作用。

4.1.4 聚四氟乙烯的加工方法

PTFE 的熔融温度为 327℃，但树脂在 380℃以上才处于熔融状态，熔体黏度高达 10^{10} Pa·s，因此 PTFE 既不能熔融加工，也不能溶解加工，通常 PTFE 可采用模压成型、挤出成型、涂覆成型和压延成型加工。

模压成型是 PTFE 大量采用的成型加工方法，模压成型中，室温下加压 10～100MPa，保压一段时间，进行预成型，然后将毛坯放入加热炉中，以一定的温度升温至 360～380℃进行烧结，烧结时间以制品透明和半透明为度。

挤出成型用于制备大直径厚壁制品，根据物料输送方式分为柱塞挤出成型和螺杆挤出成型。柱塞式挤出成型利用柱塞上下运动分批将 PTFE 送入加热到 370～380℃挤出料筒中，进行烧结和冷却，得到连续长度的管、棒等型材。

涂覆成型采用喷涂法和浸渍法进行涂覆成型，压延成型用辊筒压延法制成不同厚度的薄膜，可分为挤出压延法和直接压延法。

4.1.5 聚四氟乙烯的主要应用领域

PTFE 虽然难于加工，但由于具有极其优异的综合性能，特别是优异的耐热性、耐化学药品性、阻燃性和生理惰性，使其广泛应用于化工防腐设备、电线电缆绝缘包覆层、密封垫圈、耐摩擦轴承、家用不粘材料和医疗器材等方面。

悬浮法树脂主要用于制造机械工业用的密封圈、垫片等，以及化工设备用的泵、阀、管配件和设备衬里等，另外还制造电绝缘零件、薄膜等。PTFE 以其卓越的耐腐蚀性能，已经成为石油、化工、纺织等行业的主要耐腐蚀材料（图 4-3）。

图 4-3　PTFE 零件

PTFE 因其固有的低损耗与小介电常数使其可做成漆包线，以用于微型电机、热电偶、控制装置等（图 4-4）。

图 4-4　漆包线

PTFE 材料是纯惰性的，具有非常强的生物适应性，不会引起机体的排斥，对人体无生理副作用，可用于软组织再生的人造血管（图 4-5）和补片以及用于血管、心脏、普通外科和整形外科的手术缝合。

图 4-5　人造血管

PTFE 具有固体材料中最小的表面张力，不粘附任何物质，同时还具有耐高、低温的优良特性，从而使其在诸如制造不粘锅（图 4-6）的防粘方面的应用非常广泛。

图 4-6　不粘锅

PTFE 以其独特的性能使其在化工、石油、纺织、食品、造纸、医学、电子和机械等工业和海洋作业领域都有着广泛的应用。

4.1.6　其他含氟类聚合物

为了改善 PTFE 的加工性能，除 PTFE 类聚合物，还有以下几种含氟类聚合物。这些氟化物都是通过破坏 PTFE 分子链的规整性和对称性，增大分子链间距离，并产生空间位阻效应，使 PTFE 分子刚性下降，可以出现熔融态，使聚合物结晶能力下降，结晶度减小，成为可以热塑性加工的材料，但仍可保持氟塑料的各种优异性能。

其他氟塑料包括 F46（四氟乙烯-六氟丙烯共聚物）、PFA（四氟乙烯-全氟烷基乙烯基醚共聚物）、E/TFE（乙烯-四氟乙烯共聚物）、PCTFE（聚三氟氯乙烯）等。

除此以外，还有改性氟塑料，主要品种为共混改性、填充 PTFE 和氟塑料合金。共混改性聚合物包括 PA-PTFE、POM-PTFE、PPO-PTFE、PPS-PTFE 等，用以改进性能上的不足，降低成本；填充改性 PTFE 常用填料包括无机填料和金属填料，无机填料包括石墨、玻璃纤维、二硫化钼、云母等，金属填料包括青铜粉、锑粉、钼粉和镍粉等。填充改性用于提高氟塑料的耐磨性，减小蠕变性，提高载荷尺寸稳定性，降低线膨胀系数，提高硬度和压缩强度。

思　考　题

1. 试分析一下聚四氟乙烯的分子结构与性能特点。

2. 相对于聚四氟乙烯，其他氟塑料主要在结构上做了哪些方面的改变，它们在分子结构上、性能上有哪些趋势性差异？

3. 简述一下聚四氟乙烯的加工方法。为什么聚四氟乙烯不能进行注塑挤出加工？

4. 聚四氟乙烯为什么被称为塑料之王？其具有优异的自润滑性、优异的热氧稳定性的原因是什么？

5. PFA 代表什么聚氟塑料？它的特点是什么？

6. 简述一下 PVF 的加工方法。

7. E/TFE 代表什么聚氟塑料？其分子结构式和性能特点是什么？

8. 氟塑料合金主要有几种？其性能特点是什么？

4.2 聚 苯 硫 醚

4.2.1 聚苯硫醚概述

聚苯硫醚全称聚苯基硫醚（Polyphenylene sulfide，PPS），是一种分子主链中带有苯硫基的热塑性树脂，是近年来发展最快的工程塑料之一，其分子结构如下：

PPS

PPS 外观呈白色（图 4-7）、硬且脆、吸湿率很低，熔点高达 $280 \sim 290℃$，分解温度大于 $400℃$，与无机填料、玻纤以及其他高分子材料复合可制成各种 PPS 工程塑料及合金，具有耐高温、耐腐蚀、耐辐射、不燃、无毒、机械性能和电性能十分优异的特点，制品尺寸稳定性好，可用多种方法成型加工。广泛应用于电子电气、汽车、精密机械、化工以及航空航天等领域。

图 4-7 PPS 样品

PPS 是 1968 年美国菲利普石油公司投放市场的一种新型工程塑料，国内在 20 世纪60 年代中期对其进行研制，80 年代中期列入重点开发项目，目前国内外仅有中国、美国、日本掌握 PPS 的工业化生产制造技术，拥有生产能力和产品。

目前 PPS 是特种工程塑料的第一大品种和第六大工程塑料品种。此外，美国雪佛龙菲利普斯公司和大日本油墨化学工业公司是全球主要 PPS 树脂生产商，国内目前主要生产厂家包括四川得阳化学有限公司、张家港市新盛新材料有限公司等。

4.2.2 聚苯硫醚的合成工艺

一般通过两种方式制备 PPS：溶液聚合法和自缩聚法。溶液聚合法是以对二氯苯和硫化钠为原料，在极性有机溶剂如六甲基磷酸三胺（HPT）或 N-甲基吡咯烷酮（NMP），温度 $175 \sim 350℃$、常压下进行溶液聚合制备；自缩聚法是以卤代苯硫酚金属盐为原料，在氮气保护下于 $200 \sim 250℃$ 下自缩聚制备。

4.2.3 聚苯硫醚的结构与性能的关系

PPS 的分子主链由苯环和硫原子交替排列，分子链的规整性强，大量的苯环提供

89

较强的刚性，同时大量的硫醚键可以提供柔顺性，使其具有刚柔兼并的特点。PPS为结晶性聚合物，主链上硫原子上的孤对电子使PPS树脂与玻璃纤维、无机填料及金属有良好的亲和性，使其易于制得各类增强复合材料及合金。

（1）力学性能　PPS耐热性能优良，可在较宽的温度范围内使用，其拉伸强度、弯曲强度、弯曲弹性模量均列在工程塑料前列。增强型PPS在耐冲击性、强度、硬度及绝大多数力学、物理性能上获得改进。PPS具有优良的尺寸稳定性，成型收缩率为0.15%～0.3%。

（2）热性能　PPS属于结晶性聚合物，结晶度可高达65%，结晶温度127℃，熔点达280～290℃。高温下强度保持率远高于PBT，优异的耐蠕变性使其适宜制作螺丝等紧固件。热变形温度可达260℃，耐锡焊性也远高于其他工程塑料。

PPS具有良好的耐候和耐辐射性，经2000h耐候老化后，刚性基本不变，拉伸强度仅略有下降。经大剂量辐射后，其性能也基本不变。

（3）耐化学药品性　PPS耐腐蚀性与PTFE相近，能抵抗酸、碱、烃等各种化学药品侵蚀，200℃以下不溶于任何有机溶剂。

（4）电性能　PPS电绝缘性能优异，可以用于耐电弧性高压绝缘部件。在高温、高湿、变频等条件下，PPS仍能保持优良的电绝缘性。

（5）其他性能　PPS对金属和非金属均具有极好的粘接性，在350℃以上稳定不变的材料均能粘接。PPS阻燃性能可达到V-0级（UL94）。

4.2.4　聚苯硫醚的改性品种

尽管PPS综合性能优良，但也存在一些缺陷，如韧性较差、冲击强度低，成型过程中熔体黏度不够稳定等，因此目前存在一些PPS的改性品种。

（1）共混改性PPS　PPS主要以玻璃纤维、碳纤维与无机填料进行填充增强改性，以改善冲击强度和拉伸强度。

（2）PPS合金　PPS/聚酰胺共混物，能明显提高聚苯硫醚的抗冲击性能；PPS/PT-FE共混物，具有突出的耐磨性、耐腐蚀性、韧性、耐蠕变性等；PPS与聚苯乙烯进行共混改性，以降低聚苯硫醚的成本并改善加工性能，并能大幅度提升冲击强度。此外，PPS还可与聚酯、聚苯醚、聚碳酸酯、聚酰亚胺共混以改善力学性能、电性能及加工性能。

（3）化学结构改性　PPS的结构改性一般是在其主链上和苯环上引入改性基团。目前已有的改性产品有聚苯硫醚酮（PPSK）、聚苯硫醚砜（PPSF）、聚苯硫醚胺（PP-SA）以及聚苯腈硫醚（PPCS）等。前三者为主链改性，后者为侧基改性，并均获得了独特的优点。

4.2.5　聚苯硫醚的加工方法

PPS可以采用热塑性塑料的加工方法如注塑、挤出、模压、喷涂等方法进行加工成型。PPS在加工前应在148℃下干燥3～4h。

注塑成型时，加工温度315～360℃，注射压力为55～85MPa。由于PPS具有良好的流动性，可以注射成型长流程的薄壁制品，一般多采用螺杆式注射机。

模压成型可成型一次大型制品。先在模具中预成型冷压，压力 15～20MPa，加热至 300～370℃，然后再以 7～40MPa 的压力进行二次压缩，取出后置于冷压机上冷压成型，自然冷却至 150℃后脱模。

喷涂成型一般采用悬浮喷涂法或悬浮喷涂与干粉热喷混合法，涂层处理温度在 300～370℃，处理时间为 30min，将 PPS 喷涂到金属表面。

4.2.6　聚苯硫醚的主要应用领域

PPS 主要应用于耐高温黏合剂、耐高温玻璃钢、耐高温绝缘材料、防腐涂层以及模型制品等。在电子电气、汽车、精密机械、军工、航空、宇航、石油化工、轻工等许多工业领域获得了广泛的应用。

由于 PPS 的热变形温度高、阻燃、熔体流动性好，适宜制作长流程、薄壁的注塑制品（图 4-8），用作电器接插件和零件。

图 4-8　PPS 电器插件

其优异的耐热、耐化学药品腐蚀以及耐水解性能，使其应用于制造医疗及牙科器材（图 4-9）。

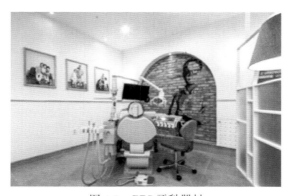

图 4-9　PPS 牙科器材

又因其高温蠕变小，尺寸稳定，耐汽油和润滑油脂，一般用于制造汽车和机械零部件等（图 4-10）。

图 4-10　PPS 机械零件

思　考　题

1. 试分析一下聚苯硫醚的分子结构与性能特点。
2. 为什么聚苯硫醚要进行改性？如何改性？
3. 聚苯硫醚与聚苯醚相比，结构差异与性能差异是什么？
4. 聚苯硫醚主要应用在哪些领域？

4.3　聚砜类树脂

4.3.1　聚砜树脂概述

聚砜类树脂是 20 世纪 60 年代初期开发的一类热塑性工程塑料，其主链由二苯砜单元组成。

目前主要有三种类型：双酚 A 型聚砜（Polysulfone，PSF）、聚芳砜（Polyarylsulphone，PSAF）和聚醚砜（Polyether sulfone，PES）。美国联合碳化物公司（UCC）于 1965 年完成了聚砜的工业化；美国 3M 公司 1967 年开发成功聚芳砜；英国 ICI 公司于 1972 年实现了聚醚砜的工业化生产；20 世纪 80 年代后德国 BASF 公司成为欧洲唯一一家生产和销售聚砜的公司。国内上海市合成树脂研究所和天山塑料厂共同开发，并在 1969 年建成了生产装置投入生产。70 年代大连第一塑料厂利用上海的技术经验，建成了工业化规模的装置。

聚砜为琥珀色透明固体（图 4-11），密度为 $1.25 \sim 1.35 \text{g/cm}^3$，吸水率为 $0.2\% \sim 0.4\%$。

图 4-11　聚砜粒料与棒材

4.3.2　聚砜的合成工艺

聚砜类树脂通过脱卤化氢或者脱盐反应制备。双酚 A 和氢氧化钠在二甲基亚砜溶剂中反应生成双酚 A 钠盐，再与 4,4′-二氯二苯砜缩聚生成聚砜 PSF，其结构式如下：

PSF

4.3.3　聚砜的品种与性能特点

（1）双酚 A 型聚砜　双酚 A 型聚砜具有优异的力学性能，由于大分子链的刚性，使得它在高温下的拉伸性能好，抗蠕性能突出；具有优良的热稳定性和耐热氧老化性；在宽广的温度和频率范围内具有优良的电性能，即使在水中或 190℃下仍能保持良好的介电性能；耐化学品性较好，除氧化性酸（如浓硫酸、浓硝酸）和某些极性溶剂（如卤代烃、酮类、芳香烃等）外，对其他试剂都表现出较高的稳定性。

（2）聚芳砜　聚芳砜耐高、低温性能优异，能够在 260℃下长期使用，也能在 300℃下短期使用，且耐低温达－240℃；耐老化性能极为突出，耐老化性能优于耐热性优异的聚酰亚胺；耐化学性优良，耐酸、碱、盐溶液性能良好，不受燃料油、烃、硅油、氟利昂等侵蚀。

（3）聚醚砜　聚醚砜能够在较宽温度范围内保持稳定的力学性能；具有优异的耐热性，其长期使用温度为 180℃；阻燃性能优异，属于自熄性材料；具有良好的耐化学品性能，除了强极性的有机溶剂、浓硫酸和浓硝酸等强氧化性酸外，能抵抗大多数化学试剂的侵袭；还具有优良的耐水，耐热水和耐水蒸气性能。

4.3.4　聚砜的结构与性能的关系

（1）力学性能　聚砜材料由砜基、异丙基、醚基把亚苯基连接起来的高分子化合物，聚砜材料具有高强度、高模量、高硬度和低蠕变性，在高温下仍能很大程度上保持其在室温下所具有的力学性能。

（2）热性能　聚砜能在－100～150℃内长期使用，玻璃化转变温度 190℃，1.82MPa 载荷下热变形温度为 175℃。聚砜低温性能优异，在－100℃仍能保持韧性；其分子结构使聚砜具有优良的热稳定性、耐老化性能、良好的尺寸稳定性。

（3）电性能和耐化学药品性　聚砜在很宽的温度和频率范围内具有优良的电性能。聚砜的分子结构化学性质稳定，没有易于水解或者氧化的基团，因而化学稳定性好，除浓硫酸、浓硝酸等强氧化性酸和某些极性有机溶剂（卤代烃、酮类、芳香烃）外，对其他试剂都具有较高的稳定性。此外，聚砜也具有良好的抗紫外线照射能力。

4.3.5　聚砜的加工方法

双酚 A 型聚砜熔融温度 310℃以上，分解温度＞420℃，加工温度范围宽。在高温及有负荷的条件下，水分会促使它应力开裂，还会造成制品表面银纹现象及水泡。因此成型前物料必须进行预干燥（135～165℃，3～4h），使其含水量降到0.1%以下。

双酚A型聚砜注射成型可采用柱塞式或螺杆式注射剂，其中又以螺杆式为好，其优点是加热均匀，成型周期短。加工条件：料筒温度370～400℃，模具温度120～140℃。为了减少聚砜制品的残留应力，可对制品进行热处理。热处理的条件为160℃、1～5min。

双酚A型聚砜采用挤出成型可以加工各种管、薄板和膜等，挤出成型所需温度一般为320～390℃，但在成型薄膜和电线被覆时则应更高些。聚砜的玻璃化转变温度较高，在挤出成型时，为避免变形和产生内应力，牵引温度应控制在150℃以上。

4.3.6　聚砜的主要应用领域

聚砜具有耐蒸汽、耐水解、无毒、耐高压蒸汽消毒、高透明、长期耐蠕变、尺寸稳定好的特点，在电子电气、食品和日用品、汽车、航空和医疗工业等领域得到极大的发展。

在医疗领域，聚砜用于制造外科手术工具盘、心脏阀、起搏器等；在电子电气领域制作各种接触器、接插件、变压器绝缘件、印刷电路板、电视系统零件、电容器薄膜等。

思　考　题

1. 试分析一下聚砜的分子结构与性能特点。
2. 聚砜的注射时应注意哪些问题？其温度控制在什么范围？
3. 聚砜的主要应用在哪些领域？

4.4　聚醚酮类聚合物

4.4.1　聚醚酮概述

聚醚酮是塑料大分子主链上重复单元中含有醚键和酮键交替形成的高分子聚合物，粒料如图4-12所示。主要有三种类型：聚醚酮（PEK）、聚醚醚酮（PEEK）、聚醚酮酮（PEKK），其中应用最为广泛的是聚醚醚酮。

图4-12　聚芳醚酮粒料

PEEK 于 1978 年由 ICI 公司开发投入市场，因其具备优异的综合性能，在国防军工、航空航天、汽车、医疗卫生等高新技术领域得到了广泛的应用。到 2018 年，我国的 PEEK 需求量达到了约 2600t，并且逐年稳定增长。

4.4.2 聚醚醚酮的合成工艺

聚醚醚酮，可由二氟二苯甲酮与芳香族二元酚高温缩聚而成，也可由芳香族二卤代物与 4,4'-二羟基二苯甲酮缩聚得到，其结构式如下：

聚醚醚酮（PEEK）　　　　聚醚酮（PEK）

聚醚酮酮（PEKK）

4.4.3 聚醚醚酮的品种与性能特点

PEEK 耐蠕变和耐疲劳性能优良；具有优异的耐热性，长期使用温度达 240℃；耐热水和耐蒸汽是 PEEK 最主要特征之一；介电性能、电绝缘性优良；PEEK 除浓硫酸几乎耐任何化学药品；耐放射性是所有塑料中最好的；氧指较高，燃烧时发烟量少且无毒。

4.4.4 聚醚醚酮的加工方法

PEEK 注射成型时，成型前需预干燥，干燥条件为 150℃，3h。其加工条件：料筒温度 370～390℃，注射压力 120MPa，模具温度 170℃。挤出成型时的加工温度为 350～370℃。

4.4.5 聚芳醚酮的主要应用领域

聚醚酮在电子电气、机械、运输及宇航等领域受到重视与应用。优异的耐化学药品性和耐热性，使其适于制造化工设备中过滤器部件。

（1）可以用于制造电子电气行业中电线、接线板和印刷电路板（图 4-13）等。

图 4-13　印刷电路板

（2）短纤维增强的聚醚酮可以制作轴承保持器、凸轮和飞机操纵杆（图 4-14）等。

图 4-14　飞机操纵杆

（3）碳纤维增强聚醚醚酮可用于制作直升机尾翼等结构件（图 4-15）。

图 4-15　直升机尾翼

（4）挤成单丝，制成耐化学品性能优良的过滤器部件（图 4-16）。

图 4-16　过滤器部件

思　考　题

1. 试分析一下聚醚酮的分子结构与性能特点。
2. 请画出聚醚酮、聚醚醚酮、聚醚酮酮的分子结构。
3. 聚醚酮的主要应用在哪些领域？

4.5　聚酰亚胺

4.5.1　聚酰亚胺概述

聚酰亚胺是分子主链中含有酰亚胺基团的一类杂环聚合物，英文简称 PI（Polyimide），其典型分子结构式为：

典型 PI 分子

PI 是芳杂环耐高温聚合物中最早工业化的品种，美国杜邦公司于 20 世纪 60 年代初开始工业化。PI 是目前工程塑料中耐热性最好的品种之一（图 4-17），在 $-200 \sim 260℃$ 范围内具有良好的力学性能、电绝缘性、化学稳定性、耐辐射性和阻燃性等。

图 4-17　PI 原料

目前世界上 PI 的生产厂家有 50 多家，除了美国、西欧和日本外，俄罗斯、中国、印度、韩国、马来西亚等国家也生产 PI。主要的生产厂家有美国杜邦公司、日本钟渊公司以及日本宇部兴产公司等。

4.5.2　聚酰亚胺的合成

PI 的合成首先是由芳香族二元酸酐和芳香族二元胺经缩聚反应生成聚酰胺酸，然后经热转化或化学转化环化脱水形成 PI。

4.5.3　聚酰亚胺的结构与性能的关系

（1）PI 分子主链中含有大量含氮芳环和五元杂环，同时又具有一定数量的醚键，分子呈较大的刚性和一定的韧性；由于杂环共轭效应，使其具有优异的热稳定性和耐热性。含有大量含氮杂环，因而难燃，氧指数高达 36％。

（2）其刚性的芳杂环结构使 PI 力学性能好，尤其拉伸强度、耐蠕变性、耐磨性和摩擦性能优异，且不受温度影响。

（3）PI 结构热稳定性好，均苯型 PI 热分解温度高达 600℃，热变形温度高达 360℃，可在 260℃下长期使用。PI 耐高温性能突出，线膨胀系数低、尺寸稳定性好。

（4）PI 具有极性基团，但因结构对称和刚性大，所以仍具有优良的电性能，耐辐射性好。

（5）PI 具有优良的耐油性和耐溶剂性能，不耐碱。

（6）无毒，具有良好的生物相容性。

4.5.4　聚酰亚胺的品种与性能特点

聚酰亚胺主要有芳香族和脂肪族两大类，由于脂肪族聚酰亚胺无实用价值基本不生产使用。芳香族聚酰亚胺又分为热固性、热塑性及改性聚酰亚胺。

4.5.4.1　热固性聚酰亚胺

具有优异的耐热性和力学性能，但存在加工成型困难的问题，难以成型形状复杂和薄壁制品，但可以制备薄膜类制品。

热固性 PI 主要包括均苯型聚酰亚胺、聚酰胺-酰亚胺、双马来酰亚胺、聚酯酰亚胺、酮酐型聚酰亚胺。

（1）均苯型聚酰亚胺 PI　均苯型聚酰亚胺简称 PI。均苯型聚酰亚胺又称为热固性聚酰亚胺、不熔性聚酰亚胺等，分子结构如下：

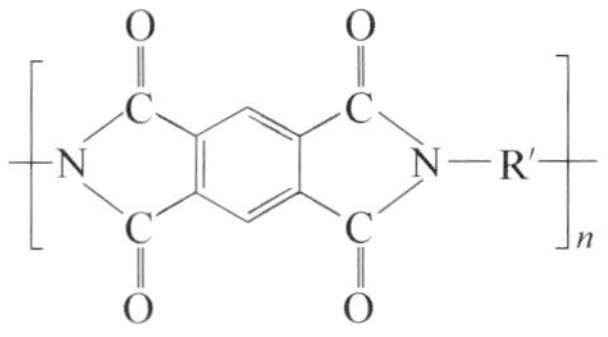

均苯型聚酰亚胺的外观为深褐色不透明固体，在 $-269\sim400℃$ 范围内可保持较高的力学性能，可在 $-240\sim260℃$ 的空气中或 315℃ 的氮气中可长期使用。在空气中，300℃ 下可使用一个月，460℃ 下可使用 24h。耐辐射性能突出，经剂量为 10^7Gy 射线照射后，其力学和电学性能基本不变。在高温和高真空下有良好的自润滑和低摩擦性。电绝缘性能好，耐老化，耐火焰，难燃，低温硬度和尺寸稳定性好，耐大多数溶剂和油脂等，并耐臭氧和细菌侵蚀等。但冲击强度对缺口敏感性强，易受强碱及浓无机酸的侵蚀，不宜长期浸于水中。

（2）聚酰胺-酰亚胺（PAI）　聚酰胺-酰亚胺 PAI 是最早开发成功的一个聚酰亚胺的改良品种，分子结构如下：

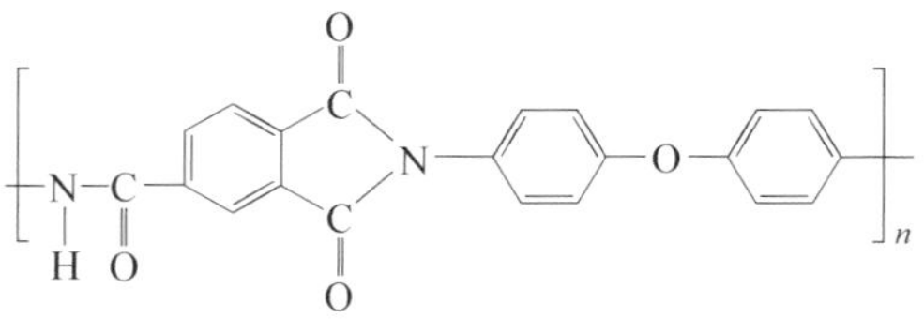

聚酰胺-酰亚胺也是热固性聚酰亚胺类树脂，为高强度、耐高温、耐辐射的聚酰亚胺品种，与均苯型聚酰亚胺相比，其长期使用温度虽然较低，仅为 220℃，但分解温度可达 450℃；其他性能如柔韧性、耐磨性、耐碱性、加工性及粘接性都与均苯型 PI 相当或高于均苯型 PI。PAI 可与环氧树脂互混交联固化，成本较低。

PAI 的主要应用为增强改性和合金化。PAI 玻璃纤维增强后，耐热性能提高；与环氧树脂共混后，加工性能改善，成型温度降低了 50℃左右。

（3）双马来酰亚胺（BMI）　双马来酰亚胺（BMI）是以马来酰亚胺为活性基的双官能团化合物，由聚酰亚胺树脂派生的另一类树脂体系，结构特点是主链含有仲氨基与酰亚氨基的改性聚酰亚胺类树脂，其分子结构如下：

BMI 具有与典型的热固性树脂相似的流动性和可模塑性，其加工性与环氧树脂的加工性基本相同。BMI 具有耐高温、耐辐射、耐潮湿和耐腐蚀等特点，但交联密度高且脆性大，增韧改性后 BMI 的性能介于 EP 和 PI 之间。BMI 有类似环氧树脂的加工性，可满足高性能复合材料的基材要求，成为发展高性能复合材料的新热点，世界许多国家都投入大量的精力开发 BMI 及增韧改性 BMI。

与均苯型 PI 相比，BMI 的耐热性略低，但可在 180～230℃下长期使用；BMI 的其他性能均接近或超过均苯型 PI，最大特点是价格低，加工性能好，可采用普通热固性塑料的加工方法成型。BMI 的缺点为脆性大、固化温度和后处理温度高，所以目前的改性重点为 BMI 的增韧。

① BMI 的结构与性能。常用的 BMI 固体不能溶解于普通的有机溶剂如丙酮、乙醇、氯仿等，只能溶于二甲基甲酰胺（DMF）、N-甲基吡咯烷酮（NMP）等强极性、价格高的溶剂中。

在 BMI 结构中，C=C 双键受邻位两个羰基的吸电子作用，易与二元胺、酰胺、酸酐、氰尿酸和多元酚等含活泼氢的化合物进行加成反应，也可同含不饱和双键的化合物、环氧树脂和其他结构的 BMI 进行共聚合反应。

BMI 固化温度和后处理温度：固化温度为 200～220℃，后处理温度为 230～250℃。

BMI 结构中含有苯环、酰亚胺杂环等，加上交联密度高，因此具有优良的耐热性，其玻璃化温度大于 250℃，使用温度为 177～232℃。

BMI 具有极高的强度和模量，但冲击强度差，断裂伸长率小。BMI 还具有优良的电性能、耐化学性能、耐环境性能和耐辐射性。

② BMI 的应用

a. 绝缘材料。F、H 级耐热和绝缘薄膜、半导体封装材料、电缆包覆材料、耐热端子、接插件及印刷电路板等。

b. 耐磨机械配件。各种齿轮、轴承、垫圈、密封圈、汽车刹车片、减震器及医疗器械等。

　　c. 航空航天结构材料。航天器的隔热层、导弹的耐烧蚀壳体、飞机雷达天线罩、尾舵部件、航空电池及耐热电气元件等。

　　（4）双马来酰亚胺三嗪树脂（BT）　双马来酰亚胺三嗪树脂是双马来酰亚胺与氰酸酯树脂共聚的产物，简称 BT 树脂。

　　BT 树脂的加工性能很好，无须加入固化剂和催化剂，加热即可自行固化。当 BT 树脂中的氰酸酯树脂含量多时，加热到 175℃ 即可固化；当 BT 树脂中的双马来酰亚胺含量多时，加热到 220～250℃ 即可固化。具体成型方法可用一般的热固性树脂的加工方法加工，如层压、模压和注塑等。

　　BT 具有优良的耐热、介电性能、高温粘接性、尺寸稳定性、成型加工性、反应性和低毒性等性能，特别是耐高温潮湿性能优异。

　　BT 可与玻璃纤维、碳纤维和聚酰胺纤维等制成复合材料，用于飞机、精密仪器、机床、X 光装置和汽车等耐热性结构材料，BT 碳纤维复合材料的弯曲强度大于500MPa。BT 玻璃纤维布层压板是最新的覆铜板材料，可用于集成电路的制造。

　　（5）聚酯酰亚胺　聚酯酰亚胺是由偏苯三酸酐与对苯二酚和芳香族二胺反应生成聚酯酰胺酸，然后在高温下经亚胺化合成聚酯酰亚胺，分子结构如下：

　　聚酯酰亚胺具有优良的绝缘性、力学性能和耐热性，在 230～240℃ 下可使用20000h，耐化学药品性良好，加工性能优于均苯型聚酰亚胺，成本低廉。

　　用聚酯酰亚胺制成的薄膜，外观为淡黄色透明，表面硬度 3H，强度高于均苯型聚酰亚胺薄膜，高温氧化稳定性不如均苯型聚酰亚胺，但比聚酯薄膜要好，主要用于 F、H 级耐热绝缘薄膜、电线包皮、半导体封装和纤维。

　　（6）酮酐型聚酰亚胺　酮酐型聚酰亚胺又可称为聚苯酐四酰亚胺，由二苯甲酮四甲酸二酐与二异氰酸缩聚而成，分子结构如下：

　　酮酐型聚酰亚胺的长期使用温度为 260～300℃，与玻璃和金属的粘接能力良好，可溶于低沸点的溶剂如丙酮，成本较低。酮酐型聚酰亚胺可用玻璃纤维或碳纤维进行增强，其层压板的耐热老化优良，可在 250℃ 下长期使用、在 400℃ 下短期使用。

　　酮酐型聚酰亚胺层压板的制造工艺为：用增强材料浸渍酮酐型聚酰亚胺的丙酮溶液，除去溶剂后在 200℃ 下预固化 3h，然后升温到 300℃，在 6.3MPa 的压力下保温15min，最后在 150～300℃ 下热处理 5h、300℃ 下热处理 16h、350℃ 下热处理 2h，即得到层压制品。

酮酐型聚酰亚胺可用于层压板、印刷电路板、增强塑料、薄膜和泡沫塑料，还可用于耐高温结构件，如超音速飞机、火箭、喷气发动机内的零部件。

4.5.4.2 热塑性聚酰亚胺

热塑性聚酰亚胺包括聚醚酰亚胺（PEI）、单醚型聚酰亚胺及双醚型聚酰亚胺等，与热固性聚酰亚胺相比，其耐热性能和力学性能不高，但具有热塑性塑料的加工性能，可成型形状复杂或薄壁制品。

（1）聚醚酰亚胺（PEI） 聚醚酰亚胺又称为聚双酚 A 四酰亚胺，简称 PEI，它是最重要的可熔性 PI 品种。聚醚酰亚胺（PEI）占美国 PI 消费总量的 70%，有与聚醚砜、聚苯硫醚竞争的倾向，分子结构如下：

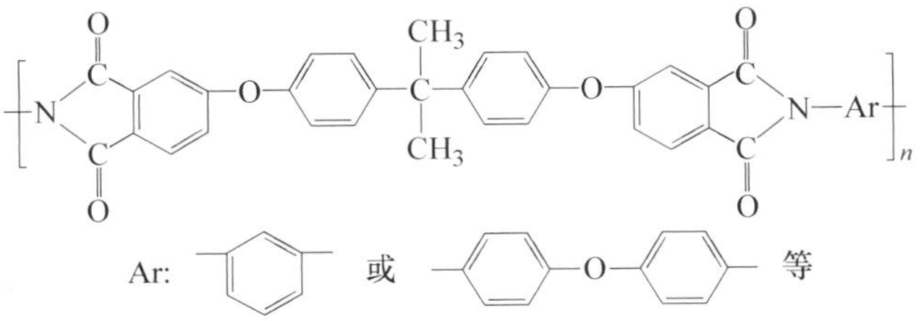

聚醚酰亚胺的外观为琥珀色透明或半透明色，拉伸强度、弯曲弹性模量、耐蠕变等性能优异，拉伸强度是未增强型聚合物中最高的；电绝缘性好，甚至在高温、高频下仍能保持良好的介电性能；耐化学腐蚀性好；耐紫外线辐照性优良，对水的稳定性好；阻燃性好；耐热温度不如热固性 PI，但可在 170℃下长期使用。PEI 缺点为冲击强度对缺口敏感，力学性能和耐热性不如热固性 PI 好，但 PEI 的最大优势表现在良好的热塑加工性能和低廉的价格。

聚醚酰亚胺具有典型的热塑性塑料加工特性，可用注塑、挤出、吹塑及模压等方法加工，适合制备薄壁制品和结构复杂的制品，可制成薄膜、管材、棒材及复杂结构的精密部件。PEI 在加工前需要干燥处理，干燥条件为 180℃、4h 或 130℃、6h。PEI 的注射成型条件为：料筒温度 330～340℃，注射压力 49～98MPa，模具温度 50～120℃，保压时间 5～10s，冷却时间 5～10s。

热塑性聚酰亚胺可用于电子电气、汽车、机械、仪器、仪表、交通和宇航等领域。

（2）单醚型聚酰亚胺 单醚型聚酰亚胺又称可熔性聚酰亚胺，是由含有醚键的四羧酸二酐与各种二元胺经缩合反应制备，典型的是由二苯醚四甲酸二酐与二氨基二苯醚反应制得，分子结构如下：

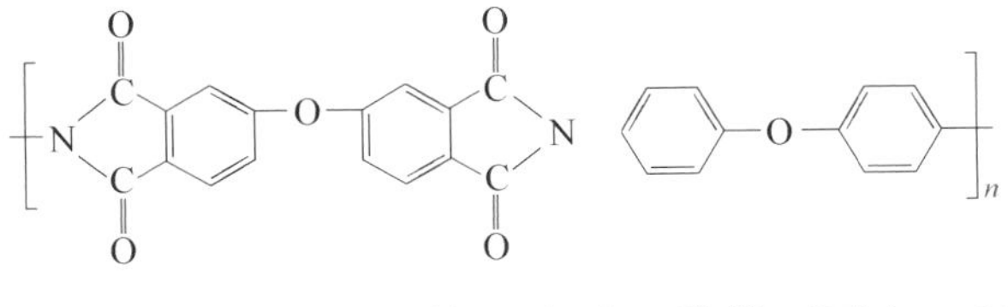

单醚型聚酰亚胺除耐热性略低于均苯型聚酰亚胺外（可在 −130～230℃下长期使用），其他物理、力学等性能均与均苯型聚酰亚胺相当，可耐苯、油、多数有机溶剂及

盐酸的腐蚀。

单醚型聚酰亚胺加工性能与热塑性塑料基本相同，适合用模压、层压等方法成型。

（3）双醚型聚酰亚胺　双醚型聚酰亚胺是由三苯二醚四甲酸二酐与芳香族二胺反应制备，也称可熔性聚酰亚胺，分子结构如下：

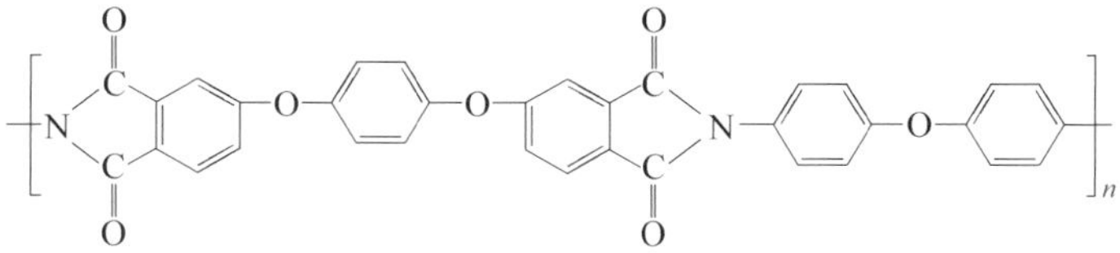

双醚型聚酰亚胺具有较高的拉伸强度和冲击强度，可在−250～230℃下长期使用，电绝缘性、耐磨性及耐辐射性能好。

双醚型聚酰亚胺加热后熔化，并有较好的流动性能，可以像热塑性塑料一样加工，可进行注塑成型、挤出成型和模压成型，能生产薄壁及形状复杂的制品。

① 注塑成型。料筒温度 350～370℃，模具温度 160～200℃，注射压力大于 10MPa。

② 模压成型。模压成型温度 360～390℃，模压压力 10～30MPa，保温时间 3min/mm，脱模温度小于 200℃。

双醚型聚酰亚胺可用于制造自润滑摩擦部件、密封件、轴承保持架、球面垫、轴套、冷气活门、活塞环、电线、密封插头等。

（4）顺酐型可熔性聚酰亚胺　顺酐型可熔性聚酰亚胺是可溶可熔性树脂，具有热塑性塑料的加工性能，成本低廉；具有优良的耐热性能。顺酐型可熔性聚酰亚胺的耐化学腐蚀性好，但可溶于强极性溶剂中，耐水性优良。

顺酐型可熔性聚酰亚胺可采用热塑性塑料的方法进行加工，可以注塑、挤出和模压等。注塑成型料筒温度为 246～316℃；挤出成型温度为 316～344℃；模压成型模具需加热到 300℃。

4.5.5　聚酰亚胺的加工方法

（1）不溶性聚酰亚胺

模塑粉的模压成型，加工条件：10～14MPa 下 30min 内升温至 450℃左右，保温 10～20min，增压至 100～140MPa，然后吹膜冷却至 200℃左右脱模。

薄膜生产，先合成聚酰胺酸溶液，然后经浸渍法或流延法成膜后在高温下进行酰亚胺化而得。

层压成型，先使玻璃布在聚酰胺溶液中浸渍，并经偶联剂处理，在 300℃高温亚胺化处理后，再在 430℃和 30MPa 下，热压成层压制品。

（2）可溶性聚酰亚胺

单醚酐型聚酰胺模压成型条件：压力 20MPa 左右，温度 340～380℃，保温时间 3～15min；注射成型条件：温度 340～370℃，最低注射压力 140MPa。

双醚酐型聚酰胺模压成型条件：温度 360～390℃，压力 10～30MPa，保温时间

3min，脱模温度低于 200℃；注射成型条件：料筒温度 350～370℃，注射压力：大于 100MPa，模具温度 160～200℃。

4.5.6 PI 的主要应用领域

（1）薄膜（图 4-18） 是 PI 最早的商品，用于电机的槽绝缘及电缆绕包材料。透明的聚酰亚胺薄膜可作为柔软的太阳能电池底板。

图 4-18 PI 薄膜

（2）涂料（图 4-19） 作为绝缘漆用于电磁线，或作为耐高温涂料使用。

图 4-19 涂有 PI 涂料的漆包线

（3）先进复合材料 用于航天、航空器及火箭部件，是最耐高温的结构材料之一。美国的超音速客机计划所设计的速度为 2.4M，飞行时表面温度为 177℃，要求使用寿命为 60000h，据报道已确定 50%的结构材料为以热塑型聚酰亚胺为基体树脂的碳纤维增强复合材料，每架飞机的用量约为 30t。

（4）纤维 弹性模量仅次于碳纤维，作为高温介质及放射性物质的过滤材料和防弹、防火织物（图 4-20）。

图 4-20 PI 短纤维

（5）泡沫塑料　用作耐高温隔热材料（图 4-21）。

图 4-21　PI 保温板

（6）胶黏剂　用作高温结构胶。聚酰亚胺胶黏剂作为电子元件高绝缘灌封料已生产。

（7）分离膜　由于聚酰亚胺耐热和耐有机溶剂性能，对有机气体和液体的分离上具有特别重要的意义。

（8）光刻胶　有负性胶和正性胶，分辨率可达亚微米级。

思　考　题

1. 试分析一下聚酰亚胺的分子结构与性能特点。
2. 聚酰亚胺主要分为几大类？其在分子结构上和性能有哪些差异？
3. 热塑性聚酰亚胺与热固性聚酰亚胺分子结构与性能上的差异是什么？
4. 热固性聚酰亚胺主要有几种？其性能特点是什么？
5. 热塑性聚酰亚胺主要有几种？其分子结构和性能特点是什么？
6. 聚酰亚胺的主要应用范围在哪些领域？
7. 聚酰亚胺的成型加工方法是什么？

4.6　热致液晶高分子

4.6.1　热致液晶高分子概述

热致液晶聚合物（Thermal Liquid Crystal Polymer，TLCP），是 1976 年美国 Eastman Kodak 公司首次发现 PET 改性对羟基苯甲酸显示热致液晶现象之后才开始研究开发的，直到 20 世纪 80 年代中后期才进入实用阶段。由于液晶聚合物在热、电、机械、化学方面优良的综合性能越来越受到各国的重视，其产品被引入到各个高技术领域的应用中，被誉为超级工程塑料。

液晶聚合物是指在液态时大分子链的某些部分仍能够保持有序排列，在溶液中保持这种有序排列的叫溶致性液晶聚合物；在熔融态呈现这种有序排列的叫热致性液晶聚合物（TLCP），其粒料如图 4-22 所示。

能够呈有序排列的液晶基元部分处于侧链上叫侧链型液晶聚合物，在主链上叫主链

图 4-22　TLCP 粒料

型液晶聚合物。用作结构材料的液晶聚合物都是主链型液晶聚合物。液晶基元多为刚性的棒状、盘状结构，热致液晶基元一般都呈刚性棒状，由芳环或杂环构成。在材料热加工时，TLCP 形成的有序结构就与分子链的方向相同，形成纤维状，从而对聚合物材料起增强作用。

4.6.2　热致液晶高分子的种类

由于 TLCP 具有高的结晶度，在大多数有机溶剂中不能溶解，因此聚合反应也大都在熔融状态下缩聚进行。

（1）热致液晶聚合物 Xydar　热致液晶聚合物 Xydar 中文名称为共聚芳酯，其分子式如下：

$$\left[O\text{—}\underset{}{\bigcirc}\text{—}\overset{O}{\underset{}{C}}\right]_x\left[O\text{—}\bigcirc\text{—}\bigcirc\text{—}O\right]_y\left[\overset{O}{\underset{}{C}}\text{—}\bigcirc\text{—}\overset{O}{\underset{}{C}}\right]_z$$

① Xydar 的蠕变性优异，特别是高温下的抗蠕变性能与通用工程塑料相比具有明显的优越性。

② Xydar 耐热性能极为优异，在 200～300℃仍能持续保持实用的机械强度和刚性。

③ Xydar 阻燃性能优异，阻燃级别可达 UL94V-0 级。

④ Xydar 还具有优异的电性能和耐化学药品性。

（2）热致液晶聚合物 Vectra　热致液晶聚合物 Vectra 中文名称为共聚芳酯（含萘化合物），其分子式如下：

$$\left[O\text{—}\bigcirc\text{—}\overset{O}{\underset{}{C}}\text{—}\bigcirc\right]_x\left[O\text{—}\bigcirc\bigcirc\text{—}\overset{O}{\underset{}{C}}\right]_z$$

① Vectra 和 Xydar 相似，Vectra 在成型时分子链沿流动方向取向，因而具有优异的力学性能和耐热性。

② Vectra 阻燃性能优良，即使不加阻燃剂阻燃级别也能到 UL94 V-0 级。

③ Vectra，除了耐漏电痕迹稍低外，其他电性能优良。

④ Vectra 除个别特殊化学药品或极高温度下溶解或老化外，几乎对所有化学药品抵抗性优异。

4.6.3　热致液晶高分子的结构与性能

热致性液晶聚合物大分子的主链由对位取代的芳环、联苯等芳香环与极性的酯基交互连接构成线形全芳香族（或非全芳香族）共聚酯聚合物，因此其热稳定性很高。

TLCP 树脂的外观一般为米黄色，也有呈白色的不透明固体粉末，密度为 1.4～1.7g/cm³。液晶聚合物具有高强度、高模量的力学性能，由于其结构特点而具有自增强性，因而不增强的液晶塑料即可达到甚至超过普通工程塑料用 20％玻璃纤维增强后的机械强度及其模量的水平；如果用玻璃纤维、碳纤维等增强，更远远超过其他工程塑料。

TLCP 聚合物还具有优良的热稳定性、耐热性及耐化学药品性，对大多数塑料存在蠕变的缺点，液晶材料可忽略不计，而且耐磨性优异。

TLCP 树脂热稳定性高，在空气中于 560℃分解。它耐锡焊，可在 320℃焊锡中浸渍 5min 无变化。

TLCP 塑料的耐候性、耐辐射性良好，具有优异的阻燃性，能熄灭火焰而不再继续进行燃烧，其阻燃等级达到 UL94 V-0 级水平。TLCP 具有优良的电绝缘性能。其介电强度比一般工程塑料高，耐电弧性良好。作为电器应用制件，在连续使用温度 200～300℃时，其电性能不受影响。间断使用温度可达 316℃左右。

TLCP 具有突出的耐腐蚀性能，TLCP 制品在浓度为 90％的酸及浓度为 50％的碱存在下不会受到侵蚀，对于工业溶剂、燃料油、洗涤剂及热水，接触后不会被溶解，也不会引起应力开裂。

4.6.4　高分子合金

TLCP 合金是具有微小相分离型合金，其在合金中还起到改善其他聚合物加工性能的作用。特别是一些高性能工程塑料的流动温度和熔体黏度都较高，加入 TLCP 后可以降低黏度，改善加工性能，同时，进一步提高力学性能等。这是因为 TLCP 起到了纤维增强作用，但又避免了玻璃纤维增强带来的弊病。

TLCP 合金主要有 TLCP/PC 合金、TLCP/PA 合金、TLCP/PBT 合金、TLCP/PPS 合金、TLCP/PEEK 合金、TLCP/PS 合金、TLCP/PI 合金等。共混体系中，TLCP 能改变聚合物熔融的黏度，显著地改变熔体的流变行为，并对聚合物的结晶性有一定的影响。此外，共混物的形态结构与液晶的含量有关。拉伸强度及拉伸弹性模量随 TLCP 含量的增加而增加。

4.6.5　高分子的应用

电子电气是热致型液晶高分子最主要的应用领域，可应用于制造电气接插件、线圈绕线管、电位器、连接器和间歇式开关等，还用于生产办公机械、精密仪器以及汽车零部件等。

思　考　题

1. 什么是热致液晶高分子? 其英文名称是什么? 缩写是什么?
2. 热致液晶聚合物分子结构特点是什么?
3. 溶致性液晶聚合物和热致性液晶聚合物的区别是什么?
4. 热致液晶高分子的增韧原理是什么?
5. 热致液晶高分子的主要应用领域是什么?

第 5 章　热固性树脂

热固性树脂是指在加工过程中发生化学变化、分子结构从加工前的线形结构转变为网状线形结构、成型后再重新加热也不能软化熔融的一类聚合物。

热固性树脂在性能上与热塑性树脂有许多不同之处，它具有强度高、耐蠕变性好、耐热温度高、加工尺寸精度高及耐电弧性好等优点；缺点是加工较难，常规加工方法为压制成型和层压成型等，后来虽然开发出注塑和挤出加工方法，但工艺条件较热塑性树脂难以控制。

通用热固性树脂的品种较少，目前只有酚醛树脂、环氧树脂、氨基树脂及不饱和聚酯、聚氨酯五种。

热固性塑料主要用于电气绝缘、日用品、机械、建筑及玻璃钢等领域。

5.1　环　氧　树　脂

5.1.1　环氧树脂概述

5.1.1.1　环氧树脂的定义

环氧树脂是指一个分子中含有两个或两个以上环氧基团并在适当的固化剂存在下能形成三维网状固化物的化合物总称，是一类重要的热固性树脂，英文名称 Epoxy resin，简称 EP。液态环氧树脂原料如图 5-1 所示。

图 5-1　液态环氧树脂

环氧树脂结构中由于含有独特的环氧基、羟基及醚键，从而具有许多优异的性能，如力学性能、粘结性能、电绝缘性、化学稳定性、尺寸稳定性及耐热性，因此环氧树脂能够制成涂料、胶黏剂、密封材料以及电气绝缘材料，被广泛地应用于电子行业和涂料行业。

5.1.1.2　环氧树脂的发展历史

环氧树脂第一次工业化生产是在 1947 年由美国的 Devoe-Raynolds 公司完成，随后，瑞士的 CIBA（汽巴）公司、美国的 Shell（壳脾）和 Dow（道）公司开始了环氧树脂的工业化生产和应用开发工作，环氧树脂此后进入了高速发展阶段。

我国自 1956 年开始对环氧树脂进行研究，并于 1958 年实现工业生产，至今已在全国各地蓬勃发展。据不完全统计，2015 年，全球环氧树脂总产量达到约 280 万吨，中国环氧树脂产量约为 115 万吨。

5.1.2　环氧树脂的分类

环氧树脂根据化学结构，大体可以分为以下五大类：

（1）缩水甘油醚类　$R-O-CH_2-CH-CH_2$
（2）缩水甘油脂类　$R-C-O-CH_2-CH-CH_2$
（3）缩水甘油胺类　$R-N-O-CH_2-CH-CH_2$
（4）线形脂肪族类　$R-CH-CH-R'-CH-CH-R''$
（5）脂环族类

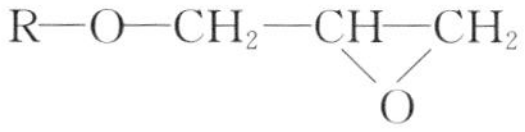

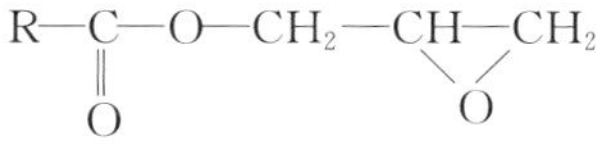

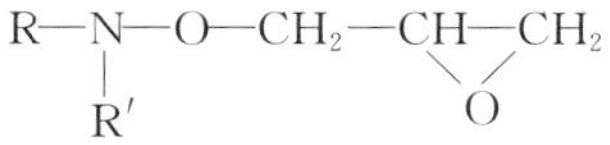

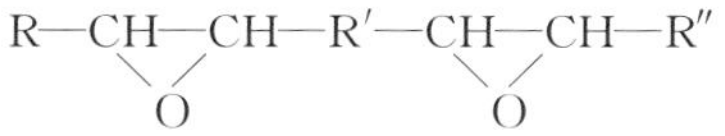

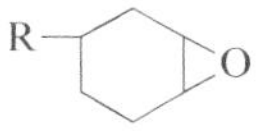

5.1.3　环氧树脂的合成工艺

环氧树脂的合成主要有以下两类方法：

（1）多元酚、多元醇、多元酸或多元胺等含活泼氢原子的化合物与环氧氯丙烷等含环氧基的化合物经缩聚制得。如缩水甘油醚类、缩水甘油脂类和缩水甘油胺类环氧树脂。

（2）链状或环状双烯类化合物的双键与过氧酸（一般为过氧乙酸）经环氧化加成制得。如脂环族环氧化树脂和环氧化烯烃类环氧树脂。

双酚 A 型环氧树脂是由环氧氯丙烷与双酚 A（二酚基丙烷）反应而生成的产物，由于这种树脂的原材料来源方便、成本低，所以在工业上应用最为普遍，产量最大，约占环氧树脂总产量的 85%。鉴于双酚 A 环氧树脂工业生产最为普遍，故本书中以双酚 A 型环氧树脂为例介绍环氧树脂。

环氧树脂的基本制备方法是：在 NaOH 溶液存在下，1mol 双酚 A 和 2mol 环氧氯丙烷于 65℃在季铵盐催化下进行醚化和环化反应，其合成原理如下：

（1）环氧氯丙烷的环氧基与双酚 A 的羟基在季铵盐催化下经醚化反应生成醚键：

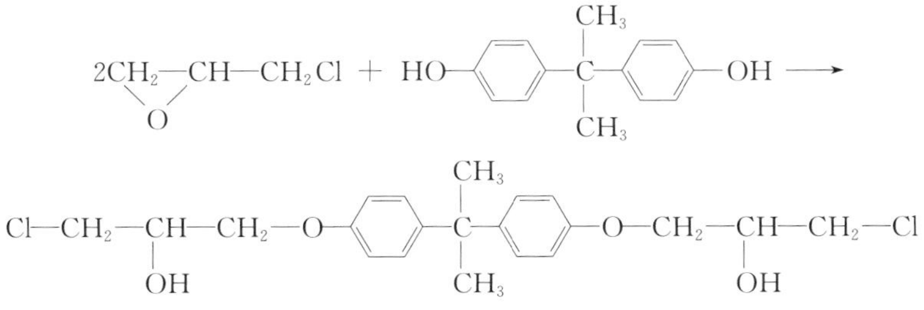

（2）在碱和季铵盐相转移催化作用下，生成的醚脱去氯化氢再形成环氧基：

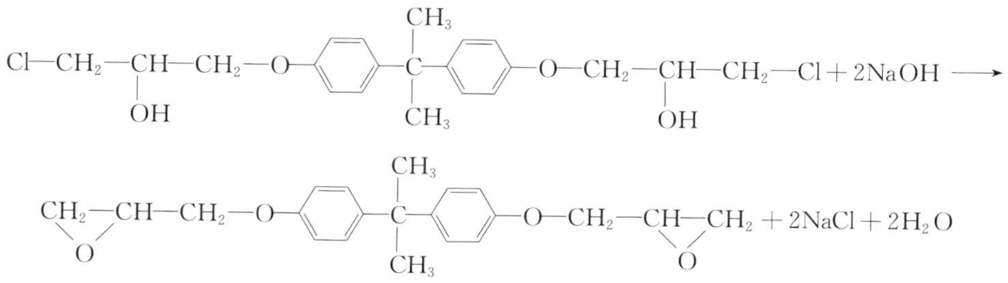

（3）新生成的环氧基再与双酚 A 的羟基继续反应生成醚键：

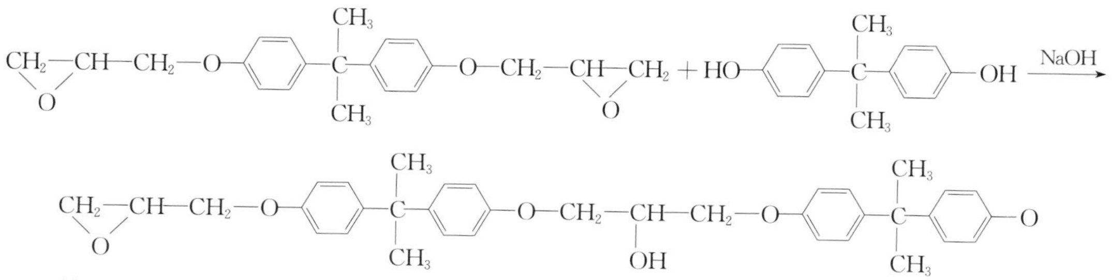

其总的反应式如下：

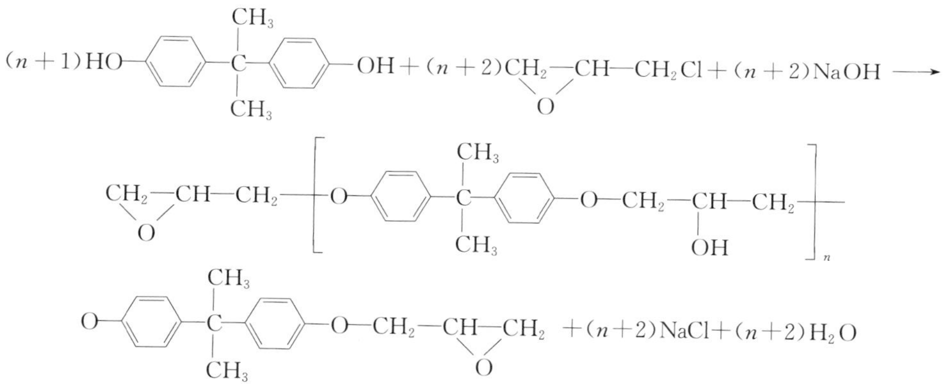

式中，$n=0 \sim 19$，平均相对分子质量为 $300 \sim 2000$。其中 $n=0 \sim 1$ 时，树脂为无色至琥珀色的低分子黏性液体；$n \geqslant 2$ 时，是高相对分子质量的固体。n 值的大小由原料配比、加料次序、操作条件来控制。

5.1.4　环氧树脂的品种与性能特点

5.1.4.1　双酚 A 型环氧树脂

最常用的环氧树脂是由双酚 A（DPP）和环氧氯丙烷反应制备的双酚 A 二缩水甘油醚（DGEBA），结构式如下：

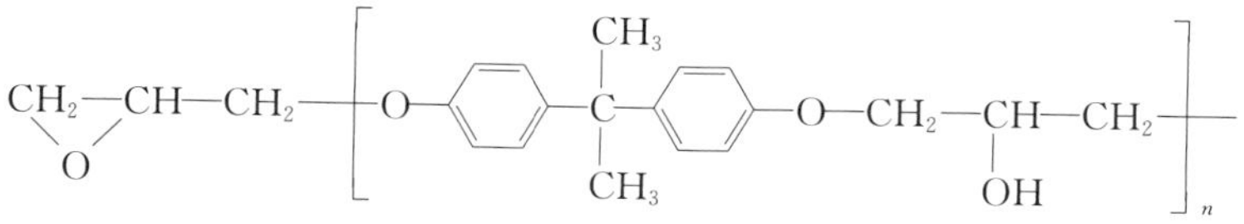

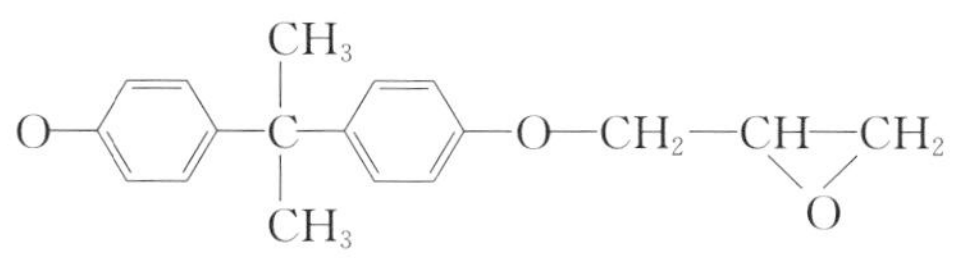

DGEBA

DGEBA 分子结构两末端的环氧基赋予反应活性；双酚 A 骨架提供强韧性和耐热性；亚甲基链赋予柔软性和冲击性能；醚键赋予耐化学药品性；羟基赋予反应性和粘结性。

实际上，DGEBA 不是单一纯粹的化合物，而是一种多相对分子质量的混合物，因此 DGEBA 由于相对分子质量品级不同而具有不同的性能。环氧树脂固化物的性能会随着固化反应过程中的进一步交联而提高。在环氧树脂和固化剂体系相同的条件下，若采用的固化条件不同，其交联密度也会不同，所得固化物的性能也不相同。

5.1.4.2　双酚 F 型环氧树脂

双酚 F 型环氧树脂（DGEBF）是由双酚 F 和环氧氯丙烷反应制备而成，其化学结构与 DGEBA 十分相似，结构式如下：

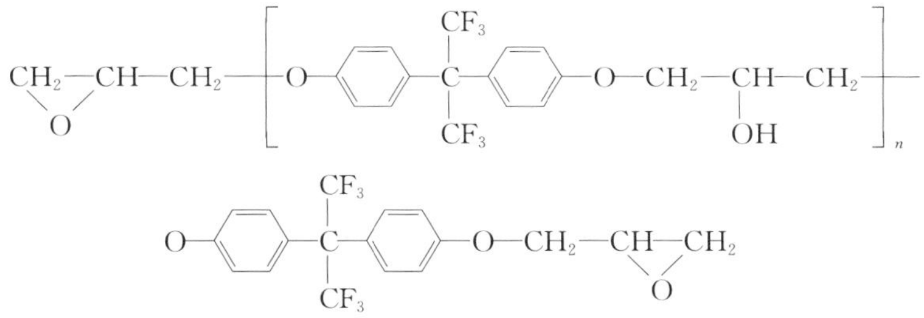

DGEBF

DGEBF 黏度非常低，低相对分子质量的 DGEBA 树脂的黏度约为 13Pa·s，而 DGEBF 的黏度仅为 3Pa·s。DGEBF 树脂的固化反应活性几乎可以与 DGEBA 相媲美，固化物的性能除热变形温度（HDT）稍低于 DGEBA 固化物外，其他性能都略高于 DGEBA 树脂。

5.1.4.3　双酚 S 型环氧树脂

双酚 S 型环氧树脂（DGEBS）是由双酚 S 和环氧氯丙烷反应制备而成的，其化学结构与 DGEBA 也十分相似，结构式如下：

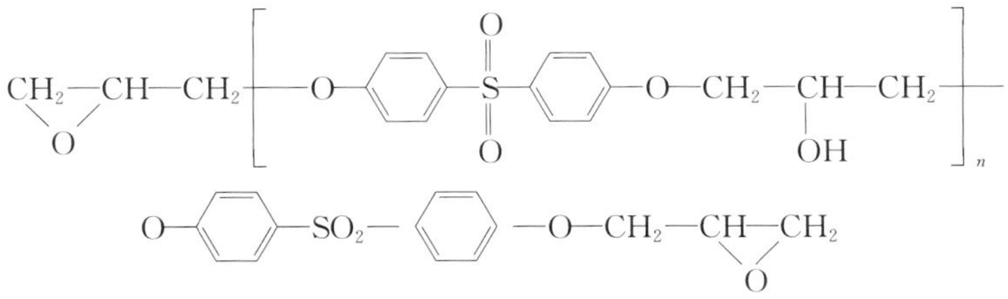

DGEBS

DGEBS 比 DGEBA 树脂固化物具有更高的热变形温度和更好的耐热性能，黏度比同相对分子质量的 DGEBA 树脂略高一些。

5.1.4.4 氢化双酚 A 型环氧树脂

氢化双酚 A 型环氧树脂是由双酚 A 加氢得到的氢化双酚 A 与环氧氯丙烷反应制备而成的，其结构式如下：

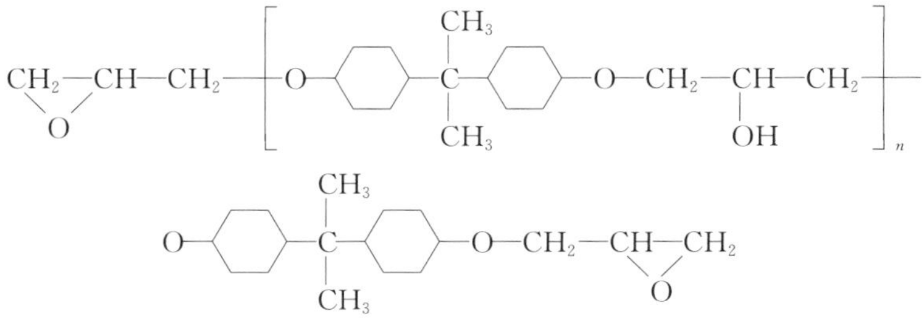

氢化双酚 A 型环氧树脂

氢化双酚 A 型环氧树脂最大的特点就是耐光老化，黏度低，与 DGEBF 相当，但凝胶时间长，为 DGEBA 树脂凝胶时间的两倍多。

5.1.4.5 线形酚醛环氧树脂

具有使用价值的线形多官能团酚醛环氧树脂现在有苯酚线形酚醛环氧树脂和邻甲酚线形酚醛环氧树脂。

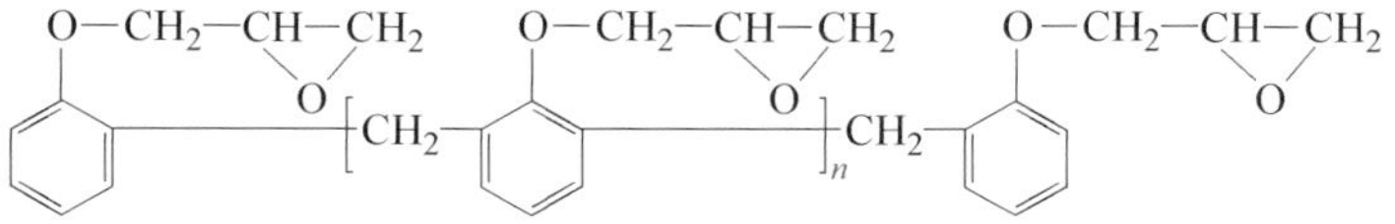

线形酚醛环氧树脂

线形酚醛环氧树脂环氧基含量高，黏度较大，固化后交联密度高，耐热性好。

5.1.4.6 多官能团缩水甘油醚树脂

与双官能团缩水甘油醚树脂相比，多官能团缩水甘油醚树脂的种类较少，具有实用性的有四苯基缩水甘油醚基乙烷（tert-PGEE）和三苯基缩水甘油醚基甲烷（tri-PGEM），结构式如下：

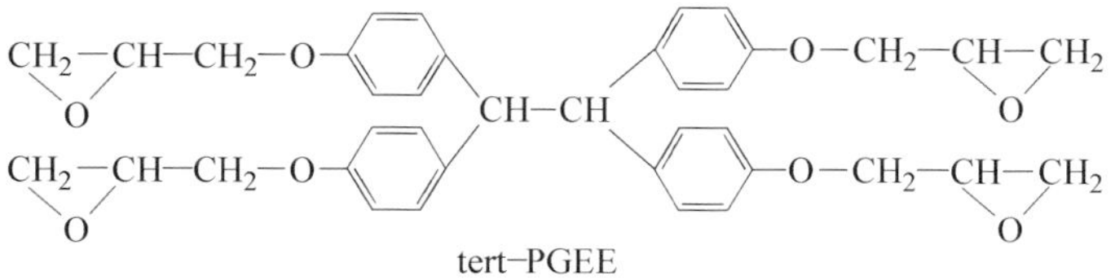

tert-PGEE

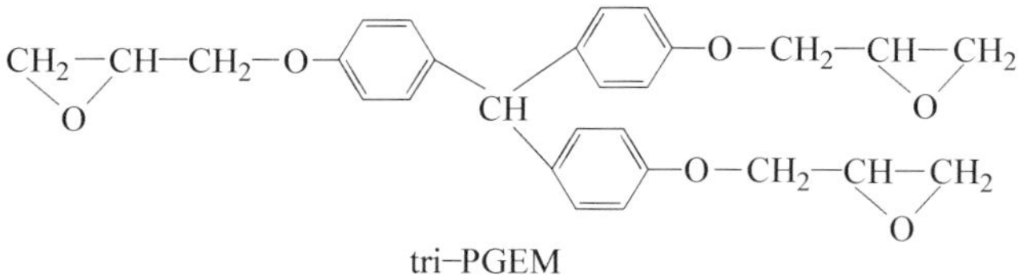

tri-PGEM

多官能团缩水甘油醚树脂主要与通用性 DGEBA 树脂混合使用或单独使用，用于 ACM（Advanced Composites Materials）基体材料、印刷电路板、封装材料和粉末涂料等，热变形温度在 200℃以上。

5.1.4.7　多官能团缩水甘油胺树脂

缩水甘油胺树脂在多官能度环氧树脂中占绝大部分，代表性的多官能团缩水甘油胺树脂有三缩水甘油基-p-氨基苯酚（tri-PAP）和三缩水甘油基三聚异氰酸酯（tri-GIC），其结构式如下：

tri-PAP　　　　　　　　　　　　tri-GIC

多官能团缩水甘油胺树脂黏度低、活性高、环氧当量小，交联密度大，耐热性高，粘接力强，且耐腐蚀性较好，故用来制造碳纤维增强的复合材料（CFRP）用于飞机二次结构材料。

5.1.5　环氧值与环氧当量

环氧值是指 100g 环氧树脂中所含环氧基的物质的量，单位为 mol/100g。

环氧值＝分子中环氧基团数量×（100/环氧树脂相对分子质量）

环氧当量是指含有 1mol 环氧基的环氧树脂的质量（g），单位为 g/mol。

环氧当量＝环氧树脂相对分子质量/分子中环氧基团的摩尔数量

环氧值＝100/环氧当量

例：某种环氧树脂相对分子质量为 340，每个分子含 2 个环氧基，它的环氧值是：（2/340）×100＝0.59（mol/100g）

例：某种环氧树脂的环氧值为 0.59mol/100g，它的环氧当量则为：100/0.59＝170(g/mol)

环氧值和环氧当量是从不同角度描述环氧树脂所含环氧基多少的物理量，根据这项指标，可计算固化环氧树脂时所必需的固化剂用量。

5.1.6　环氧树脂的固化反应

环氧树脂固化前是热塑性的线形结构，没有什么实用价值，必须加入固化剂使线形环氧树脂分子进行交联固化反应，生成体形网状结构的高聚物才能实现最终用途。环氧树脂种类虽然很多，但是固化剂的种类远远超过环氧树脂的种类。环氧树脂对固化剂的依赖性很大，可以根据不同用途来选择不同的固化剂。

固化剂又分为反应型固化剂与催化型固化剂两种。

反应型固化剂可与环氧树脂进行加成聚合反应，并通过逐步聚合反应的历程交联成体型网状结构，固化剂本身参与到已形成的三维网状结构中。固化剂一般都含有活泼的氢原子，在反应过程中伴有氢原子的转移，例如多元伯胺、多元羧酸、多元硫醇和多元酚等。催化型固化剂可引发树脂分子中的环氧基按阳离子或阴离子聚合的历程进行固化反应，而本身不参加到三维网状结构中。例如叔胺、三氟化硼络合物等。两类固化剂都是通过树脂分子结构中具有的环氧基或仲羟基的反应完成固化过程的。

（1）多元胺类固化剂

多元脂肪胺和芳香胺类固化剂，用得比较普遍。伯胺与环氧树脂的反应是连接在伯胺氮原子上的氢原子和环氧基团反应，转变成仲胺，仲胺再与另一个环氧基反应生成叔胺，反应如下：

$$R{-}NH_2 + H_2C\underset{O}{\overset{}{-\!\!-}}CH \longrightarrow R{-}\underset{H}{N}{-}CH_2{-}\underset{OH}{CH}{-}$$

$$R{-}\underset{H}{N}{-}CH_2{-}\underset{OH}{CH}{-} + H_2C\underset{O}{\overset{}{-\!\!-}}CH \longrightarrow RN\Big\langle \begin{array}{l} CH_2{-}CH{-} \;\; OH \\ CH_2{-}CH{-} \;\; OH \end{array}$$

伯胺与仲胺类固化剂用量的计算，是根据胺基上的一个活泼氢和环氧树脂的一个环氧基反应来考虑的。

$$胺的用量（phr）＝胺基当量×环氧值$$
$$胺基当量＝胺的相对分子质量/胺中活泼氢的数量$$

（2）酸酐类固化剂

酸酐类固化剂是环氧树脂加工工艺中仅次于胺类的最重要的一类固化剂。酸酐的固化反应分为无促进剂和有促进剂存在两种情况。当无促进剂存在时，首先是环氧树脂中的羟基使酸酐开环，生成单酯和羧酸；羧酸对环氧基加成，生成二酯和羟基；酯化生成的羟基与酸酐继续发生反应。如此开环、酯化反应不断进行下去，直至环氧树脂交联化。当有叔胺促进剂存在时，叔胺进攻酸酐，生成羧酸盐阴离子；此羧酸盐阴离子与环氧基反应生成烷氧阴离子；烷氧阴离子与别的酸酐反应，再生成羧酸盐阴离子。反应依次进行下去，逐步进行加成聚合，从而使环氧树脂固化。

用酸酐类固化剂时，一个酸酐开环只能与一个环氧基反应。酸酐和环氧树脂的化学计量关系如下：

$$酸酐固化剂用量＝C×酸酐当量×环氧值$$
$$酸酐当量＝酸酐的相对分子质量/酸酐基团的数量$$

式中，C 为常数，依酸酐的种类不同而异，一般的酸酐 $C＝0.85$；含卤素酸酐 $C＝0.60$；加有叔胺催化剂时 $C＝1.0$。

5.1.7 环氧树脂的加工方法

环氧树脂可分为液体和固体粉末两类。固体常用于压制成型，液体常用于浇铸及层压成型等。

（1）压制成型 通常加入增强材料，如玻璃纤维和填充材料。具体的成型条件：预热温度为 60～90℃，时间为 30s，压制温度为 135～190℃，压力为 1.96～19.6MPa，压缩比为 2%～7%，成型周期为 60s。

（2）层压成型 EP 层压玻璃钢为 EP 在塑料中最大的用途，基材以玻璃布为主，也用石棉、云母及纸张等。其中，树脂占 25％～35％，基材占 60％～70％。

（3）浇铸成型　常用于电子元器件的塑封和各种零件的成型。具体成型工艺为先将树脂与固化剂、填充材料等配合好并搅拌均匀，固化可加热或不加热，当树脂黏度过大浇铸困难时，加入适量稀释剂调节即可。

5.1.8　环氧树脂的主要应用领域

环氧树脂具有优良的物理、机械和电绝缘性能，与各种材料良好的粘接性能以及使用工艺的灵活性，是其他热固性材料所不具备的。因此它能制成涂料、胶黏剂和成型材料，并在电气、电子、光学机械、工程技术、土木建筑及文体用品制造等领域得到了广泛的应用（图 5-2）。（几种应用形式如表 5-1 所示）环氧树脂的应用领域十分广泛，以直接或间接的使用形式遍及国民经济各个领域。

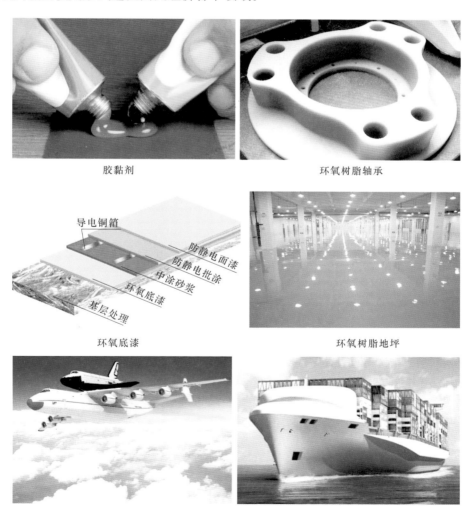

胶黏剂　　　　　　　　　　　环氧树脂轴承

环氧底漆　　　　　　　　　　环氧树脂地坪

机体粘结　　　　　　　　　　货舱内涂装

图 5-2　环氧树脂制品

表 5-1 环氧树脂的应用领域

应用形式	应用领域	使 用 内 容
涂料	汽车	车身底漆;部件涂装
	容器	食品罐内外涂装;圆桶罐内衬里
	工厂设备	车间防腐涂装;钢管内外防腐涂装;贮罐内涂装,石油槽内涂装
	土木建筑	桥梁防腐涂装;铁架涂装;铁筋防腐涂装;金属房根涂装;水泥贮水槽内衬;地基衬涂
	船舶	货舱内涂装;海上容器;钢铁部位防腐涂装
	其他	家用电器涂装;钢制家具涂装;电线包覆磁漆涂装
胶黏剂	飞机	机体粘结;蜂窝夹层板(制造前翼、后翼、机身及门)的芯材与面板粘接;直升机的螺旋桨裂纹修补
	汽车	金属框架;密封橡胶填充物;车身挡风橡胶条;室内透镜/框架
	光学机械	树脂粘结取景器的棱镜/五金类;反射镜或光框组装;金属部件组装
	电子电气	印刷线路基板;绝缘体片;扬声器等的固定;传递模塑部分,铁芯线圈的粘接;电流表或电压表的检流计线圈与磁链的组装
	铁道车辆	夹层板制造;不能熔接的金属间粘接,玻璃的固定;金属内衬装饰板/增强材料粘接;钢壁/铝壁粘接;金属备件/车体(船体)粘接
	土木建筑	护岸护堤等的水泥块固定;新旧水泥连接;道路边石、混凝土管、隧道内照明设备,计时器、插人物等粘接;瓷砖粘接;玻璃粘接
成型材料	电器	电子设备元件封装;配电盘;跨接插座;切换接点盘;接线柱;油中绝缘子;水冷轴衬;变压器汇流排的绝缘包封;绝缘子;绝缘管;切换器;开闭器
	工具	钣金成型工具;塑料成型工具;铸造用工具;模型原型及其辅助工具

5.1.9 其他种类环氧树脂

（1）溴化环氧树脂　溴化环氧树脂是分子结构里含溴元素（Br），具有自熄功能的环氧树脂。溴化环氧树脂的特点是阻燃和耐热性好，主要用作阻燃复合材料、结构材料、胶黏剂、涂料，用于建筑、航空、船舶、电子电气行业。

（2）有机钛环氧树脂　简称 ET 型环氧树脂。含有机钛结构的环氧树脂，防潮性、绝缘性和耐热老化性优于双酚 A 环氧树脂。由含活性基团的有机钛化合物与低相对分子质量双酚 A 环氢树脂反应制得。主要用作 H 级电机、潜水电机的线圈浸渍。

（3）有机硅环氧树脂　有机硅环氧树脂具有耐热性和耐水性等性能，可用于高温、高湿及温度剧变的场合。

（4）甘油环氧树脂　甘油环氧树脂是和环氧氯丙烷在三氟化硼等存在下缩合而成的一类环氧树脂。与含氢硅油配合使用是很好的纺织物处理剂，可以起到防水、防皱、提高光洁度的作用。

思 考 题

1. 简述双酚 A 型环氧树脂分子结构特点及其与性能的关系。

2. 简述环氧树脂固化机理及不同的固化剂应用特点。

3. 环氧树脂主要应用领域有哪些？

4. 查阅资料，简述电子线路板的生产工艺路线。

5. 环氧值和环氧当量的定义是什么？计算公式是什么？

6. 500g E-42 的环氧树脂室温固化使用乙二胺为固化剂应加入多少 g？同样质量的 E-42 环氧树脂在 170℃下固化使用邻苯二甲酸酐为固化剂应加入多少 g？

5.2　酚 醛 树 脂

5.2.1　酚醛树脂简介

5.2.1.1　酚醛树脂的定义

一般由酚类化合物与醛类化合物经缩聚反应制成的聚合物称为酚醛树脂，其中以苯酚和甲醛为原料缩聚的酚醛树脂最为常用，英文名称 Phenol-formaldehyde resin，简称 PF，其结构式如下：

酚醛树脂固化后的化学结构式

酚醛树脂由于具有良好的粘结性、优良的耐热性、独特的烧蚀性、阻燃性以及经济性，使其得到了很好的发展与应用，主要应用在汽车、电气电子、建筑、航空航天和钢铁工业等领域。

5.2.1.2　酚醛树脂的一般物性

固体酚醛树脂为黄色（图 5-3）、透明、无定形块状物质，因含有游离酚而呈微红色，实体的平均相对密度为 1.7 左右，易溶于醇，不溶于水，对水、弱酸、弱碱溶液稳定。

图 5-3　热塑性酚醛树脂与热固性酚醛树脂

5.2.1.3 酚醛树脂的发展历史

酚醛树脂是最早工业化的合成树脂，由于它原料易得，合成方便，以及树脂固化后性能满足许多使用要求，因此在工业上得到广泛应用。酚醛树脂首次实现工业化生产是在 1910 年由比利时裔美国科学家巴克兰（L. H. Backland）完成。我国于 1946 年开始少量生产，新中国成立后生产规模迅速扩大。

5.2.2 酚醛树脂的种类与性能特点

酚醛树脂的合成因酚和醛两种单体的比例及选用催化剂的不同，可分为热固性和热塑性两类。

（1）热塑性酚醛树脂　热塑性酚醛树脂是一种线形结构，没有添加固化剂时，能够溶解于有机溶剂，加热能够熔融，且长期加热也不会固化。在加入固化剂如六亚甲基四胺（也称乌洛托品）后才可固化，成为不溶不熔的固化树脂。

（2）热固性酚醛树脂　热固性酚醛树脂在固化前可以溶解融化，通过酸碱催化固化，形成体型网状结构后，形成不溶不熔的材料。

5.2.3 酚醛树脂的合成工艺

酚醛树脂是以酚类单体和醛类单体在酸性或碱性催化条件下合成的高分子聚合物。酚类单体主要为苯酚，其次为甲酚和二甲酚等；醛类单体主要为甲醛，有时也用糠醛及乙醛。

在酚醛两种单体中，苯酚具有邻位、对位三个活性点；醛类具有两个活性点。在反应中，如果醛的比例大于酚，则多余的醛会同酚的第三个活性点反应，从而生成体型交联聚合物；反之，如果醛的比例小于酚，则生成线形聚合物。在具体合成反应中，酚和醛两种单体的比例及催化剂性质不同，可以分别合成热塑性树脂和热固性树脂两种。

第一步：苯酚分子中的酚羟基（—OH）的邻位和对位苯环的氢原子，能与甲醛进行加成反应，生成羟甲基苯酚。

第二步：羟甲基苯酚可进一步发生缩聚反应，主要有下列两种可能的缩聚反应。

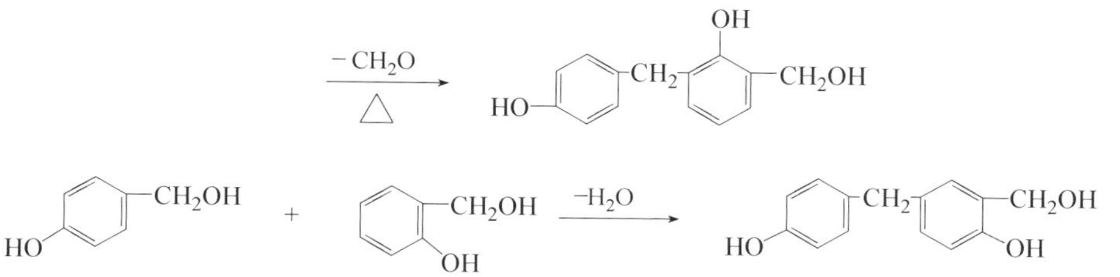

第三步：

（1）热塑性酚醛树脂　热塑性酚醛树脂的缩聚反应一般是在强酸催化剂（如 HCl，pH<3）存在下，甲醛和苯酚的摩尔比小于 1（如在 0.80～0.86）时，合成的一种线形结构的热塑性线形树脂。这类树脂呈松香状，具有性脆、可溶、可熔的特点，结构式如下：

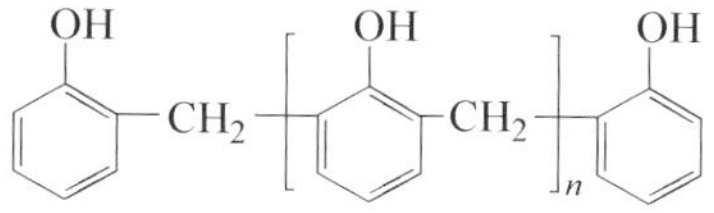

热塑性酚醛树脂

（2）热固性酚醛树脂　热固性酚醛树脂的缩聚反应一般是在强碱催化剂〔如 NH_3、$Ba(OH)_2$、NaOH，pH8～11〕存在下，过量的甲醛与苯酚摩尔比为 1.1～1.5 时，合成的一种体型结构的热固性酚醛树脂，结构式如下：

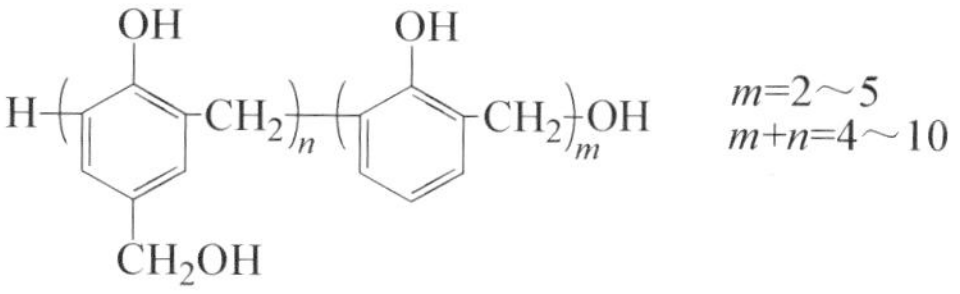

热固性酚醛树脂

5.2.4　酚醛树脂的固化

热塑性酚醛树脂与热固性酚醛树脂能相互转化：热塑性树脂用甲醛处理后可转变成热固性树脂；热固性树脂在酸性介质中用苯酚处理可变成热塑性酚醛树脂。

热固性酚醛树脂在加热条件下，自身有交联能力而形成网状分子；而热塑性酚醛树脂自身没有交联能力，在固化交联剂的作用下，苯环上未反应的氢可与交联剂形成亚甲基桥键而交联，常用的固化交联剂是六次甲基四胺（俗称乌洛托品，其加入量一般为10%～13%）

5.2.5　酚醛树脂的加工方法

（1）压制成型　温度 150～190℃，压力 10～30MPa。壁厚制品取上限，壁薄制品取下限；形状简单制品取下限，形状复杂制品取上限。

（2）注塑　温度控制要精确，绝对防止物料在料筒内固化。进料温度 30～70℃，料筒温度 75～95℃，喷嘴温度 85～100℃，喷出料温 120～130℃，模具温度 150～220℃，注塑压力 100～170MPa。

（3）酚醛层压材 酚醛层压材是以酚醛树脂为黏合剂，以石棉布、牛皮纸、玻璃布、木材片以及绝缘纸等片状填料为基材，放入到层压机内通过加热加压成层压板、管材、棒材或其他制品。制备板材常用的方法是：将石棉布、牛皮纸、玻璃布等浸于酚醛树脂溶液中，要求所浸的布含有规定数量的树脂，一般为 $25\%\sim46\%$。浸渍时布必须被树脂浸透，然后干燥。再将浸渍、再干燥好的胶布，经过裁切、叠料、装进模中、热压、脱模、加工和热处理等工序制成酚醛层压板材。

酚醛层压材的特点是力学性能好、吸水小、尺寸稳定性好、耐热能优良、价格低廉，且可根据不同的性能要求选择不同的填料和助剂来满足不同用途的需要。

（4）酚醛泡沫塑料 酚醛泡沫塑料是以酚醛树脂为基材，加入发泡剂、固化剂等，经发泡固化后得到的。酚醛泡沫塑料的优点是质量轻、刚性大、尺寸稳定性好、耐热性高、阻燃性好、价格低等，缺点是脆性较大。

5.2.6 酚醛树脂的应用

酚醛树脂由于具有良好的粘结性、优良的耐热性、电绝缘性、独特的烧蚀性、阻燃性以及经济性，主要用于胶合板、绝缘材料、层压制品、铸造品、纤维和碎木板、模塑制品、橡胶用胶黏剂、摩擦材料、保护涂层、其他胶黏剂、烧蚀材料等（图 5-4）。酚醛泡沫塑料主要可用于耐热和隔热的建筑材料、救生材料、浮筒等以及保存和运输鲜花的亲水性材料。

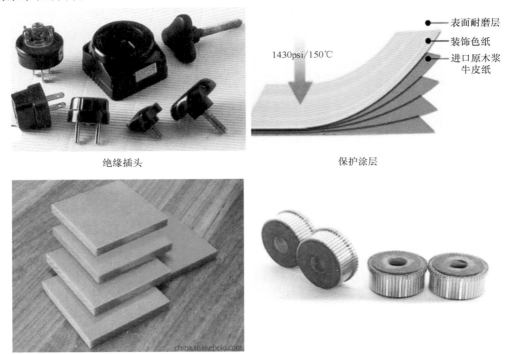

绝缘插头

1430psi/150℃

表面耐磨层
装饰色纸
进口原木浆牛皮纸

保护涂层

胶合板

轴承

图 5-4 酚醛树脂制品

思 考 题

1. 简述酚醛树脂分子结构与其性能。
2. 描述酚醛树脂的制备工艺过程。
3. 对比说明热塑性酚醛树脂和热固性酚醛树脂结构及固化加工的区别。
4. 酚醛树脂性能的优缺点是什么？
5. 简述酚醛树脂的主要应用领域。

5.3 氨 基 树 脂

5.3.1 氨基树脂简介

5.3.1.1 氨基树脂的定义

氨基树脂是由含有氨基或者酰胺基官能团的化合物（如尿素、三聚氰胺及苯胺等）与醛类化合物（如甲醛等）经缩聚反应制成的一类树脂的总称，英文名称 Amino-form-aldehyde resin，简称 AF。液体氨基树脂如图 5-5 所示。

图 5-5 氨基树脂

氨基树脂在热固性树脂中产量最大，包括脲甲醛（脲醛）树脂（英文简称 UF）、三聚氰胺（蜜胺）甲醛树脂（英文简称 MF）、苯胺甲醛树脂、脲-三聚氰胺甲醛树脂及脲-硫脲甲醛树脂等很多品种，目前应用较多的为 UF 和 MF 两种。

氨基树脂中脲甲醛（脲醛）树脂用量最大，而且它的最大用途为刨花板和胶合板的黏合剂，其次为涂料，用于塑料制品仅占 10% 左右。但所存在的问题也日益明显，未反应的甲醛会造成环境污染，尤其是用于家庭装饰和家具的刨花板和胶合板，甲醛污染会造成人身伤害，因此，正在逐步被没有污染的丙烯酸类涂料、黏合剂所取代。

5.3.1.2 氨基树脂的发展历史

脲醛树脂最早于 1926 年在英国实现工业化生产，三聚氰胺甲醛树脂于 1938 年在德国实现工业化生产。我国于 20 世纪 50 年代开始研制丁醚化脲醛树脂和三聚氰胺甲醛树脂。

5.3.2　氨基树脂的合成工艺

（1）脲醛树脂的合成

第一步：尿素与甲醛在中性或弱酸、碱条件下进行加成反应，物料比例为 1 : 1 或 1 : 2，分别生成一、二羟甲基脲（一种水溶性结晶物质）。

$$H_2N-\overset{\overset{O}{\|}}{C}-NH_2 + H-\overset{\overset{O}{\|}}{C}-H \rightleftharpoons H_2N-\overset{\overset{O}{\|}}{C}-NH-CH_2-OH$$

$$H_2N-\overset{\overset{O}{\|}}{C}-NH_2 + 2H-\overset{\overset{O}{\|}}{C}-H \rightleftharpoons HO-CH_2-NH-\overset{\overset{O}{\|}}{C}-NH-CH_2-OH$$

第二步：一、二羟甲基脲的缩合。

$$n\ \underset{NH_2}{\overset{NH-CH_2OH}{\underset{|}{\overset{|}{C=O}}}} \longrightarrow \underset{NH_2}{\overset{NH-CH_2}{\underset{|}{\overset{|}{C=O}}}}\!\!-\!\!\Big[\!\!\underset{NH_2}{\overset{N-CH_2}{\underset{|}{\overset{|}{C=O}}}}\!\!\Big]_{n-2}\!\!\underset{NH_2}{\overset{N-CH_2OH}{\underset{|}{\overset{|}{C=O}}}} + (n-2)H_2O$$

$$n\ \underset{NH-CH_2OH}{\overset{NH-CH_2OH}{\underset{|}{\overset{|}{C=O}}}} \longrightarrow \underset{NHCH_2OH}{\overset{NH-CH_2}{\underset{|}{\overset{|}{C=O}}}}\!\!-\!\!\Big[\!\!\underset{NHCH_2OH}{\overset{N-CH_2}{\underset{|}{\overset{|}{C=O}}}}\!\!\Big]_{n-2}\!\!\underset{NHCH_2OH}{\overset{N-CH_2OH}{\underset{|}{\overset{|}{C=O}}}} + (n-2)H_2O$$

（2）三聚氰胺甲醛树脂的合成

第一步：三聚氰胺与甲醛在弱碱条件下进行加成反应，物料比例为 1 : 2～1 : 2.5，分别生成一羟甲基三聚氰胺，三羟甲基三聚氰胺（主要产物），六羟甲基三聚氰胺。

第二步：缩合反应。

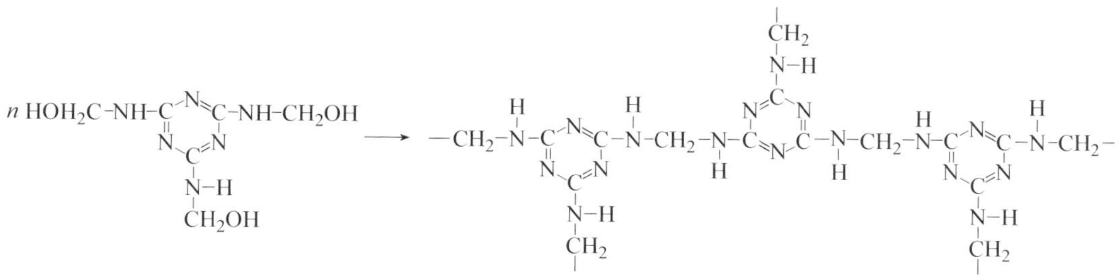

$$n\ HOH_2C\text{-}NH\text{-}C\overset{N}{\underset{N}{\diamond}}C\text{-}NH\text{-}CH_2OH \longrightarrow$$

5.3.3　氨基树脂的品种与性能的特点

目前应用较多的氨基树脂有两种：脲醛树脂（英文简称 UF）、三聚氰胺甲醛（蜜胺）树脂（MF），其化学结构式如下：

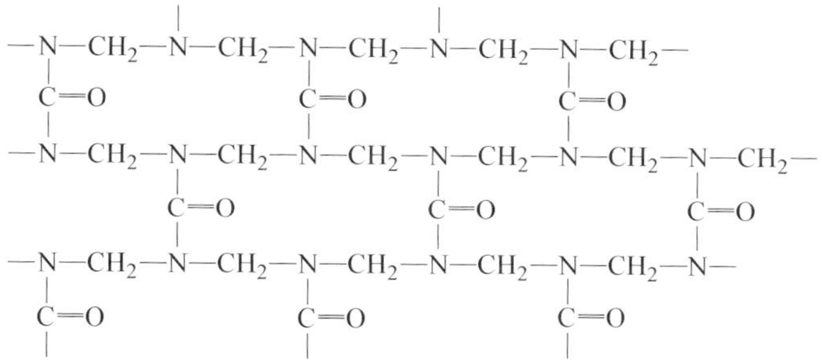

(a) UF

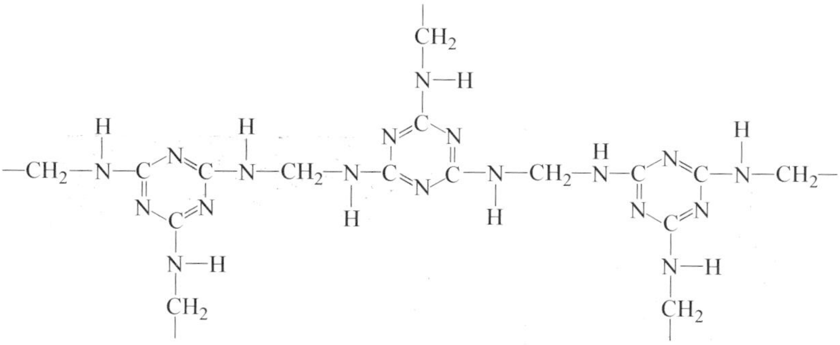

(b) MF

（1）脲醛树脂的性能特点　脲醛树脂的表面硬度高、耐刮伤；外观有光泽，呈透明或半透明，可制成颜色鲜艳的制品；无臭、无味、耐油、耐弱碱和有机溶剂，不耐酸和沸水；具有一定的韧性，耐热性不高；易吸水，电性能较差。

（2）蜜胺树脂的性能特点　蜜胺树脂具有比脲醛树脂更优异的性能，吸水性较低，在潮湿和高温条件下绝缘性好、耐电弧好、表面硬度更高、耐刮刻性好、着色性好、耐热好、耐果汁及耐油性能好等。

5.3.4　氨基树脂的结构与性能的关系

（1）脲醛树脂　脲醛树脂分子结构中含有极性氧原子，与基材的附着力好。固化后的脲醛树脂交联度不高，低于密胺树脂。

（2）密胺树脂　固化后的密胺树脂中可交联的反应点比脲醛树脂多，交联密度比脲醛树脂高。密胺树脂中刚性杂环结构间的柔性链长度较酚醛树脂中苯环间的亚甲基长，所以脆性没有酚醛树脂大。

5.3.5　氨基树脂的固化

（1）脲醛树脂的固化　一、二羟甲基脲的缩聚物在加热或催化剂的作用下可进一步交联形成体型网络结构，交联度不高。脲醛树脂的固化一般为在加热 130～160℃ 条件下反应而成，为加快固化速度，可以加入酸类固化剂，如草酸、邻苯二甲酸及硫酸锌等。

（2）密胺树脂的固化　密胺树脂在高温或加入酸的条件下，会使三聚氰胺衍生物发生缩合而固化，固化过程中羟甲基间缩聚形成醚键，羟甲基与氨基缩聚形成亚甲基。

5.3.6　氨基树脂的加工方法

（1）压制　压制的工艺条件为预热温度 70～80℃，模压温度 135～140℃，模压压力 24～25MPa，时间为 1～2min，并视具体壁厚的增大而延长。

（2）注塑　注塑工艺条件为料筒温度的后段 45～55℃、前段 75～100℃，喷嘴温度 85～110℃，模具温度 140～150℃，注塑压力 98～180MPa，保压时间 30s/mm（壁厚）。

5.3.7　氨基树脂的应用领域

氨基树脂具有力学强度高、电绝缘性好、表面硬度高、耐刮伤、无色、可制成色泽鲜艳的制品等优点，氨基树脂主要用于制备模塑料、粘结材料、层压材料及纸张处理剂，广泛用于餐具、日用、建筑、电气绝缘及装饰贴面板等（图 5-6）。用于涂料的氨

餐具

涂料　　　　　　　　　保护漆　　　　　　　　台球，麻将

图 5-6　氨基树脂制品

基树脂必须经醇改性后，才能溶于有机溶剂，并与主要成膜树脂有良好的混溶性和反应性。

思　考　题

1. 简述氨基树脂分子结构特点与其性能。
2. 描述脲醛树脂、三聚氰胺（蜜胺）树脂的分子结构和应用特点。
3. 简述脲醛树脂的主要应用领域。
4. 描述脲醛树脂的加工方法。

5.4　不饱和聚酯树脂

5.4.1　不饱和聚酯树脂概述

5.4.1.1　不饱和聚酯树脂的定义

不饱和聚酯（UP）是指分子链主链上含有不饱和键的聚酯，主要是指由不饱和二元酸（酐）、饱和二元酸与二元醇缩聚而成的聚合物，生成不饱和线形聚酯大分子，其结构式如下：

$$HO\left[R-O-\overset{O}{\overset{\|}{C}}-R'-\overset{O}{\overset{\|}{C}}-O-R-O-\overset{O}{\overset{\|}{C}}-R''-\overset{O}{\overset{\|}{C}}-O\right]_n H$$

线形 UP 的分子结构

R：二元醇主链段；R′：饱和二元酸主链段；R″：不饱和二元酸主链段

由于该树脂中含有不饱和双键，应用时聚酯大分子的不饱和双键与其他乙烯单体的双键发生交联反应，从而形成网状的三向结构大分子，转变成不溶、不熔的体型结构的热固性树脂，因而具有优异的耐热性和力学性能。

5.4.1.2　不饱和聚酯树脂的一般物性

纯的饱和聚酯树脂制品外观为硬质、褐色半透明，相对密度为 1.2～1.3，拉伸强度为 40～90MPa，进行玻璃纤维增强后可达 250～350MPa。纯 UP 制品使用温度为 100℃，增强后可达 200℃。耐化学腐蚀性一般，不耐氧化介质的氧化，耐碱及溶剂性也不好。

5.4.1.3　不饱和聚酯树脂发展历史

1847 年，瑞典科学家 Berzelius 用酒石酸和甘油反应生成块状固体聚酒石酸甘油酯；Ellis 发现不饱和聚酯中加不饱和单体如苯乙烯可以发生交联反应，将固化速度提高了 30 倍；UP 最早于 1942 年由美国 Rubber 公司生产。第二次世界大战期间军用需要促进了聚酯树脂工业的发展，特别是玻璃纤维增强聚酯。第二次世界大战结束后发现了室温固化剂促进了不饱和聚酯产业的发展。

我国不饱和聚酯发展至今有 70 多年的历史，已发展成为热固性树脂行业中最大的品种之一，到 2018 年我国不饱和聚酯的产能已达到 500 万吨，但一些高端产品仍需进口。

5.4.2　不饱和聚酯树脂的合成工艺

不饱和聚酯树脂的合成工艺可分为三个阶段。

第一阶段：使二元羧酸和二元醇进行缩聚反应，产生不饱和的长链型聚酯分子。

第二阶段：将缩聚产物稀释并溶解到不饱和的单体中，成为黏稠液体，即为树脂产品。为了防止树脂在使用前或储存中发生交联固化，在树脂中需加阻聚剂。

第三阶段：在加工制作各种制品的过程中，加入引发剂和促进剂，并和各种增强材料、填料混合，按照一定的工艺条件，使树脂发生交联固化反应，同时形成一定规格、形式的制品。

不饱和聚酯具有线形结构，由于不饱和聚酯链中含有不饱和双键，因此可以在加热、光照、高能辐射以及引发剂作用下与交联单体进行共聚，交联固化成立体网状结构。

5.4.3　不饱和聚酯树脂的组成

工业上常用的 UP 树脂主要由不饱和二元酸及酸酐、饱和二元酸及酸酐、二元醇或多元醇、交联剂、引发剂、加速剂和阻聚剂等组成。

（1）不饱和二元酸及酸酐　主要有顺丁烯二酸酐和反丁烯二酸酐两种。

（2）饱和二元酸及酸酐　主要有邻苯二甲酸、间苯二甲酸酐和邻苯二甲酸酐等多种。

（3）二元醇或多元醇　二元醇为乙二醇、丙二醇、一缩二乙二醇、一缩二丙二醇等，常用前两种，特点为价廉，产品硬度和强度高。

（4）交联剂　含有双键的一类单体，含乙烯基的苯乙烯最常用。

（5）引发剂、加速剂和阻聚剂　引发剂的作用为引发交联反应，常用过氧化物。加速剂的作用为提高引发剂的效率，常用胺类和钴皂类化合物。阻聚剂的作用为防止原料在储存中聚合，常用硫黄、多元酚及酮等。

5.4.4　不饱和聚酯树脂的固化

不饱和聚酯树脂的固化是不饱和的线形分子在引发剂和交联剂的作用下链引发、增长、终止形成体形的热固性树脂。在这过程中，影响的主要因素是：引发剂、交联剂、促进剂和反应温度、时间。

（1）交联剂的选择　不饱和聚酯分子中含有不饱和双键，在交联剂或热的作用下发生交联反应，成为具有不溶不熔体形结构的固化产物。不饱和聚酯树脂是由不饱和聚酯与烯类交联单体两部分组成的溶液，因此交联单体的种类及其用量对固化树脂的性能有很大的影响。因为烯类单体在这里既是交联剂，又是溶剂。同时，交联剂的选择和用量还直接影响着树脂的工艺性能。常用的烯类单体有：

① 苯乙烯。苯乙烯是一种低黏度液体，与不饱和聚酯具有良好的混溶性，能很好地溶解引发剂及促进剂。苯乙烯的双键活性很大，容易与聚酯中的不饱和双键发生共聚，生成均匀的共聚物，苯乙烯是目前在不饱和聚酯中用量最大的一种交联剂。

② 乙烯基甲苯。乙烯基甲苯是邻位占 60%、对位占 40% 的异构混合物。它的工艺性能与苯乙烯类似，比苯乙烯固化时收缩率低。

③ 二乙烯基苯。二乙烯基苯非常活泼，它与聚酯的混合物在室温时就易于聚合，常与等量的苯乙烯并用，可得到相对稳定的不饱和聚酯树脂，然而它比单独用苯乙烯的活性要大得多。用它交联固化的树脂有较高的交联密度，它的硬度与耐热性都比苯乙烯交联固化的树脂好。

④ 甲基丙烯酸甲酯。甲基丙烯酸甲酯的特点是折射率较低，接近于玻璃纤维的折射率，因此具有较好的透光性及耐气候性。同时，用甲基丙烯酸甲酯作交联剂的树脂黏度较小，有利于提高对玻璃纤维的浸润速度。其缺点是沸点低、挥发性大，有难闻的臭味。

（2）引发剂的使用　不饱和聚酯的固化除了温度条件以外，最重要的是正确选择适当的有机过氧化物引发剂。一般单靠加热也可以使不饱和聚酯树脂固化，但是存在两个缺点：一是反应诱导期长，而反应一旦开始则放热量大，难以控制；二是反应开始后速度很快，黏度突然增大，反应不易完全。因此，不饱和聚酯树脂的固化，通常采用下列两种途径：一是加入引发剂并加热固化，可有效地控制反应速度，最终固化可趋于完全，固化产物性能稳定；二是同时加入引发剂和促进剂在室温下固化，并可满足各种固化工艺的要求。

（3）促进剂　通过促进剂的品种及用量的选择，不仅可以使不饱和聚酯树脂在室温及高温下固化，而且可以根据不同工艺方法的具体要求以及制品的大小等条件，有效地控制树脂的各项工艺性能。

5.4.5　不饱和聚酯树脂的结构与性能的关系

通过调节不饱和聚酯的原料组成可以改变不饱和聚酯树脂制品的性能。

（1）力学性能　相对分子质量越大，树脂强度和硬度提高；不饱和键的数目越多，交联密度越高，耐磨性越好；分子中极性基团越多，树脂的抗弯强度越大。

（2）柔韧性　不饱和聚酯分子中饱和聚酯段比例越大、饱和二元醇的链长度越长，酯基的密度越小，制品的柔韧性越好。

（3）热稳定性　通过增大不饱和二元酸的比例，提高分子链的结晶度，采用热稳定性高的交联剂可提高不饱和聚酯的热稳定性。

（4）耐化学腐蚀性能　不饱和聚酯树脂的耐化学腐蚀性与其结构有序性、不饱和二元酸的用量紧密相连。

5.4.6　不饱和聚酯树脂的主要应用领域

常用的不饱和聚酯树脂主要采用在其中加入填料或增强材料进行改性。不饱和聚酯树脂的玻璃纤维增强塑料，又称为"玻璃钢"，是其最常用的改性制品，其用量可占整个不饱和聚酯树脂的 80% 以上。成型方法主要有浇铸、压制等。

（1）聚酯玻璃钢　不饱和聚酯树脂 80% 用于制作玻璃钢制品，用作承载结构材料，其比强度高于铝合金，接近钢材，因此常用来代替金属，用于汽车、造船、航空、建筑、化工等（图 5-7）。玻璃钢生产工艺主要有三种：①通过手糊成型或喷涂成型制造

图 5-7　聚酯玻璃钢的应用

各类型的船体。②通过袋压成型法制造安全帽、机器外罩等。③采用真空袋压法生产飞机部件、雷达罩等。④采用整体模压成型法生产洗手盆等卫生洁具。⑤采用片材模型法生产飞机部件、座椅等制品。

（2）浇注不饱和聚酯　浇注制作的人造大理石（图 5-8）、人造玛瑙，具有装饰性好、耐磨等特点。

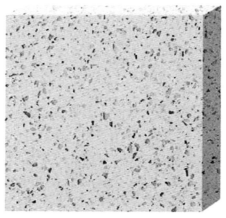

图 5-8　人造大理石

（3）涂层材料　不饱和聚酯涂料可用于木材家具、电视机等，在表面起保护作用（图 5-9）。

图 5-9　不饱和聚酯涂料应用

思 考 题

1. 不饱和聚酯树脂的制备方法是什么?
2. 简述不饱和树脂分子结构特点与其性能。
3. 简述不饱和树脂固化机理及固化促进剂应用特点。
4. 简述不饱和树脂的主要应用领域。
5. 简述不饱和聚酯树脂玻璃钢的成型方法。
6. 不饱和聚酯树脂的主要成分有哪些?

5.5 聚 氨 酯

5.5.1 聚氨酯概述

5.5.1.1 聚氨酯简介

聚氨酯全称聚氨基甲酸酯,是结构主链上含有重复的氨基甲酸酯基团(—NHCOO—)的高分子化合物的统称,英文名称 Polyurethane,简称 PU。聚氨酯可以制成泡沫塑料、弹性体、纤维、表面涂料、合成革和胶黏剂,在当今世界合成材料产品市场中起着越来越重要的作用。

5.5.1.2 发展历史

1937 年德国化学家奥托·拜尔(Otto Bayer)教授首先合成出含有氨基甲酸酯特性基团的化合物。美国杜邦公司获得德国聚氨酯树脂的制造技术,合成了聚氨酯硬质泡沫塑料并开始将其应用在飞机上;日本 1955 年从德国 Bayer 公司及美国 DuPont 公司引进聚氨酯工业化生产技术。目前世界聚氨酯年产量已经超过 2120 万吨,占据合成材料第 6 位。

5.5.2 聚氨酯的主要原材料

合成聚氨酯的基本原料为异氰酸酯、多元醇、催化剂、扩链剂和其他成分。聚氨酯分子中通常含有硬段和软段。硬段由异氰酸酯(俗称黑料)组成,硬段由于自身庞大的体积可以引起较大的链间位阻,使材料具有较高的撕裂强度和模量;软段由聚醚、聚酯等低聚多元醇(俗称白料)组成,软段主要影响材料的弹性,并对其低温性能和拉伸性能有显著的影响。

(1)异氰酸酯 异氰酸酯一般含有两个或两个以上的异氰酸基团,异氰酸基团很活泼,可以跟醇、胺、羧酸和水等发生反应。

主要使用的异氰酸酯为甲苯二异氰酸酯(TDI)、二苯基甲烷二异氰酸酯(MDI)和多亚甲基多苯基多异氰酸酯(PAPI)。TDI 主要用于软质泡沫塑料,MDI 主要用于硬质泡沫和胶黏剂,PAPI 是一种不同官能度的多异氰酸酯的混合物(聚合度 $n=0\sim 3$),主要用于热固性硬质泡沫塑料、混炼及浇注制品。三种异氰酸酯结构式如下:

$$\text{TDI} \qquad \text{MDI} \qquad \text{PAPI}$$

（2）多元醇　多元醇构成聚氨酯结构的弹性部分，常用的是聚醚多元醇和聚酯多元醇。多元醇含量决定聚氨酯的软硬程度、柔顺性和刚性。

聚醚多元醇为多元醇、多元胺或其他含有活泼氢的有机化合物与氧化烯烃通过开环聚合而成，用途广泛。聚醚多元醇具有弹性大、黏度低等优点，主要应用于软质聚氨酯和反应注射成型材料。

聚酯多元醇是多元酸和多元醇通过酯化反应制成，二元酸和二元醇合成的线形酯化产物主要用于软质聚氨酯，而二元酸和多元醇得到的支链型聚酯多元醇用于硬质聚氨酯。聚酯型聚氨酯的强度、耐油性、热氧化稳定性比聚醚型的高，但耐水解性能比聚醚型的差。

（3）催化剂　催化剂用于加速聚合过程，主要分为胺类和锡类两种，常用胺类催化剂有三乙烯二胺、N-烷基吗啡啉；锡类催化剂有二月桂酸二丁锡、辛酸亚锡。

（4）扩链剂　扩链剂主要是低相对分子质量的二元醇和二元胺，他们与异氰酸酯反应生成聚合物中的硬段。二元醇包括乙二醇、丙二醇、丁二醇、己二醇；二元胺包括芳香族二胺，二苯基甲烷二胺、二氯二苯基甲烷二胺等。

（5）其他成分　发泡剂有水、液体二氧化碳、戊烷、氢氟烃等；泡沫稳定剂主要是水溶性聚醚硅氧烷；阻燃剂采用磷酸酯、溴代多元醇等；此外，还包括增塑剂、表面活性剂、填充剂、脱模剂等成分。

5.5.3　聚氨酯的合成

聚氨酯的工业化生产主要是由有机二异氰酸酯或多异氰酸酯与二羟基或多羟基化合物加聚而成。不同的原料与制备工艺得到的聚氨酯性能各异，分为线形热塑性聚氨酯树脂和体形热固性聚氨酯树脂。在制备过程中，由于多元醇和异氰酸酯的官能度都可以调节，故可以制备出支化的或交联的各种不同结构的聚合物。线形结构由二元醇和二异氰酸酯反应制得，网状结构由多官能团的醇与多异氰酸酯反应制得。

5.5.4　聚氨酯的结构与性能的关系

（1）聚氨酯是由软段原料（多元醇）与硬段原料（多异氰酸酯）聚合而成的嵌段聚合物。

（2）软段在聚氨酯中占大部分，当极性强的聚酯作为软段时，聚氨酯因为酯基的存在能够在硬段间形成氢键，也能与硬段上的极性基团形成氢键，使硬段更均匀地分布在软段之中，起到弹性交联点的作用，因而得到的聚氨酯弹性体及泡沫的力学性能较好。

（3）聚醚型聚氨酯由于软段的醚基较易旋转，柔顺性好，低温性能优越，且聚醚中不存在相对易水解的酯基，耐水性比聚酯型聚氨酯好。

（4）含侧链的软段由于位阻作用，氢键弱，结晶性差，强度比相同软段主链无侧基的聚氨酯差。

5.5.5　聚氨酯的应用

（1）聚氨酯泡沫　软质聚氨酯泡沫是指具有一定弹性的柔软聚氨酯泡沫产品，其泡孔结构多为开孔，具有密度低、弹性回复好、吸音、透气、保温等性能，主要用作家具垫材（图 5-10）、交通工具座椅垫材、隔音材料、隔热保温材料等。

图 5-10　聚氨酯床垫

硬质聚氨酯泡沫是指在一定负荷作用下，不发生明显变形，当负荷过大时发生变形后不能回复到原来形状的泡沫塑料，具有绝热效果好、质量轻、比强度大及隔音效果好等特点，广泛用于冰箱和冰柜的箱体绝热层、冷库、冷藏车的绝热层、建筑物及管道保温材料等（图 5-11）。

图 5-11　聚氨酯保温材料

（2）弹性体　聚氨酯弹性体又称聚氨酯橡胶，属于特种合成橡胶。具有优异的耐磨性能、抗压强度、抗切口撕裂强度和抗压强度；强度高，弹性好，缓冲减振性好，而且永久变形小；耐油性能好，能抵抗在机械加工过程中各种油品的侵蚀；机械加工性能较好，便于加工成各种形状的模具零件，以满足模具装配的要求。

（3）涂料　聚氨酯涂料（简称为 PU 涂料），涂膜外观优美，具有良好的装饰性，且具有良好的柔韧性、抗冲击性、耐腐蚀性、耐化学品性及优异的耐低温性等特点。

（4）纤维　PU 纤维俗称氨纶（图 5-12），线密度低，强度高，弹性好，伸长率达 $500\%\sim800\%$，瞬时弹性回复率为 90% 以上；吸湿性较强，优于涤纶和丙纶；染色性优良。

图 5-12　聚氨酯纤维纺织品

（5）胶黏剂　适用于各种结构性粘合领域并具有优异的柔韧特性；能适应不同热膨胀系数基材的粘合，它在基材之间形成软硬过渡层，粘接力强，且低温和超低温性能超过所有其他类型的胶黏剂。

思　考　题

1. 什么是聚氨酯？简述聚氨酯分子结构特点与性能。
2. 简述聚氨酯泡沫的制备工艺，硬泡和软泡的结构区别是什么？
3. 简述热塑型聚氨酯的主要应用领域。
4. 聚氨酯原料中异氰酸酯有哪几种？画出它们的分子结构。
5. 设计一个阻燃聚氨酯保温泡沫材料的配方。

5.6　有机硅树脂

5.6.1　有机硅树脂概述

5.6.1.1　有机硅树脂定义

有机硅树脂主要是指主链由硅氧键构成、侧链通过硅原子与有机基团相连的聚硅氧烷化合物（Polysiloxane），统称有机硅树脂，其结构通式如下：

$$\text{HO}-\underset{R_2}{\overset{R_1}{\underset{|}{\overset{|}{\text{Si}}}}}-\text{O}-\left[\underset{R_2}{\overset{R_1}{\underset{|}{\overset{|}{\text{Si}}}}}\right]_n-\text{OH}$$

硅原子上的取代基主要是甲基，也可以是乙基、芳基、卤代烃或不饱和基团等各种基团。随着聚硅氧烷分子链的长短变化，聚硅氧烷可以是相对分子质量不大的液态物或者是高相对分子质量的弹性体；也可因官能度不同而生成支化结构的树脂。有机硅树脂包括含各种基团的硅油、硅橡胶、硅树脂和众多含硅低分子化合物。

5.6.1.2　有机硅树脂分类和一般性能

有机硅树脂通常分为四类：硅油、硅树脂、硅橡胶、硅烷偶联剂，其中硅油占40%，硅树脂占 15%，硅橡胶占 40%，硅烷偶联剂占 5%。

有机硅材料有很好的耐高低温性能、电绝缘性，特别是介电性不随温度变化而剧烈变化。有机硅树脂还具有卓越的耐臭氧、耐辐射、耐候和阻燃性，良好的耐老化性，突出的表面活性、憎水性和生理惰性等。

5.6.1.3　发展历史

美国康宁玻璃公司的 J. F. Hyde 在 1937 年用格氏法合成出耐热的、有实用价值的有机硅树脂，用于电气绝缘材料，有机硅聚合物的一些特异性能引起人们的关注。第二次世界大战期间 J. F. Hyde 和通用电气公司的 W. J. Patnode 等学者使用 Kipping 用过的格氏法合成有机硅单体，再将单体通过水解、缩聚制得有机硅聚合物。此后，以格氏法和热缩合法等工艺合成出多种初期的有机硅产品，如有机硅消泡剂、有机硅防水剂、有机硅电绝缘树脂、有机硅涂料。到目前为止，已经开发成功的有机硅商品多达数千种。

5.6.2　有机硅树脂的合成

制造有机硅的主要原料是有机硅单体，单体的结构通式是 R_nSiX_n，R 为有机基团，X 为 Cl 或 OR。一般最常用的是甲基氯硅烷和苯基氯硅烷。有机硅树脂通常是由有机氯硅烷，经水解、缩合来制备的。

5.6.3　有机硅树脂的品种与性能特点

有机硅树脂按硅氧链节中硅原子上取代基的不同，可以划分为聚烷基有机硅树脂、聚芳基有机硅树脂与聚烷基芳基有机硅树脂三大类。

（1）聚烷基有机硅树脂　聚甲基硅树脂耐热性高、抗氧化性强。将甲基硅树脂制成片状试样，在真空中加热 550℃或在空气流中加热至 500℃也不会遭到破坏，并长期保持不熔。

（2）聚芳基有机硅树脂　采用三官能团的有机硅单体（苯基三氯硅烷）得到的梯形聚合物——全苯基聚硅氧烷树脂具有比一般树脂更高的耐热性能。硅氧烷链中仅含有苯基，具有耐热性高、抗氧化性强等优异性能。将聚芳基硅树脂塑片在空气中加热至400℃或 500℃，经数小时苯基也不会从硅上脱落，耐热性能优异。

（3）聚烷基芳基有机硅树脂　把烷基和芳基直接连接到同一硅原子上，或者是以烷基和芳基氯硅烷水解和共缩合的方法生成共聚体。聚烷基芳基有机硅树脂比纯粹的烷基或芳基有机硅树脂具有更好的机械性能。

5.6.4　有机硅树脂的结构与性能的关系

有机硅树脂是以 Si—O—Si 为骨架，Si—O 键能很高（443.7kJ/mol），因此分解温度高，在 200～250℃下使用而不分解或变色，短时间可耐 300℃高温。

硅树脂的性能也与所含有机基团的数量即 R/Si 值（一个硅原子上平均连接的有机基团的数量）和有机基团 R 的种类相关。

R/Si 值越小，干燥性越好，漆膜变脆，柔软性降低。

有机基团 R 的种类主要有甲基、苯基、乙烯基、戊基等，当有机基团为甲基时，硅树脂具有优异的热稳定性、憎水性；当有机基团为苯基时，硅树脂耐氧化稳定性能好；当有机基团为乙烯基时，可改善硅树脂的固化性能，并赋予树脂偶联性；当有机基团为戊基时，可提高树脂的憎水性。

5.6.5　有机硅树脂的主要应用领域

有机硅树脂的用途十分广泛，在各方面的使用量为：电子/电气 25%，建筑 20%，汽车 10%，食品及医疗 10%，办公用具 10%，其他 25%。

有机硅树脂及改性有机硅树脂制品以其优异的热氧化稳定性、电绝缘性能、耐候性、防水、防盐雾、防霉菌、生物相容性等特性，广泛应用于国防军工、电气工业、皮革工业、轻工产品、橡胶塑料、食品卫生等行业，发挥着不可替代的作用。有机硅树脂按其主要用途和交联方式大致分为以下几类：

（1）有机硅绝缘漆　电子电气使用年限与其表面电绝缘材料的性能有很大的关系。有机硅绝缘漆在工业上的应用主要包括线圈浸渍漆、玻璃布浸渍漆及电子电气保护用硅漆等。

（2）有机硅涂料　具有优良的耐热、耐寒、耐候、憎水等特性，可用于房屋隔热的涂层、防黏脱膜涂料及防潮憎水涂料等。

（3）有机硅黏接剂　作为黏接剂使用的聚硅氧烷包括硅胶型及硅树脂型两种，它们黏接与密封性能好且绝缘和耐高温性能优异。

（4）有机硅塑料　主要包括耐热、绝缘、阻燃、抗电弧的有机硅塑料、半导体组件外壳封包塑料、泡沫塑料。

（5）硅树脂微粉　硅树脂微粉与无机填料相比，相对密度低，同时具有耐热性、耐候性、润滑性及憎水性等优点。

思　考　题

1. 什么是有机硅树脂？请简述有机硅树脂分子结构特点与其性能。

2. 有机硅树脂中的硅氧主链和取代基如何影响它的性能？

3. 简述有机硅树脂的主要应用领域。

第6章 橡　　胶

6.1　橡　胶　概　述

6.1.1　橡胶的基本特征

橡胶与塑料、纤维一起并称为三大合成材料，是唯一在使用温度下具有高度伸缩性和极好弹性的高聚物，它在较小的外力作用下能产生很大的形变，当外力取消后又能很快恢复到原来状态。橡胶是橡胶工业的重要原料，是常用的弹性材料、密封材料、减震防震材料和传动材料，可用于制造轮胎、管带、胶鞋等各种橡胶制品，橡胶还广泛用于电线电缆、纤维及塑料改性等方面。从使用性能上来看，橡胶主要有以下基本特征：

（1）弹性模量非常小　橡胶最宝贵的性能是在－50～130℃的广泛温度范围内均能保持正常的弹性。

（2）综合性能优良　橡胶具有良好的耐气候性、耐化学介质性能和电绝缘性能。某些特种合成橡胶更具有耐油性、耐温性、耐寒性、耐热性、耐各种屈挠弯曲变形。

（3）橡胶能与多种材料并用、共混、复合　由此而极大地拓展了橡胶的使用性能和应用领域。

6.1.2　橡胶的分类

世界上，橡胶（包括塑料改性的弹性体）的种类已不下 100 种之多，如果按牌号估算，实际上已超过 1000 种。

橡胶尽管种类繁多、分类复杂，但常见的品种主要有天然橡胶（NR）、聚异戊二烯橡胶（异戊橡胶，IR）、聚丁二烯橡胶（顺丁橡胶，BR）、丁二烯-苯乙烯橡胶（丁苯橡胶，SBR）、氯丁橡胶（CR）、丁腈橡胶（NBR）、丁基橡胶（IIR）、乙丙橡胶（EPR）、集成橡胶等几大类，其分类大致如下：

（1）按制取来源与方法分类　可分为天然橡胶与合成橡胶，其中天然橡胶的消耗量约占 1/3，合成橡胶的消耗量约占 2/3。

（2）按橡胶的外观特征分类　可分为固态橡胶（又称干胶）、乳状橡胶（又称胶乳）、液体橡胶和粉末橡胶四大类。其中固态橡胶的产量占 85％～90％。

（3）按应用范围及用途分类　除天然橡胶外，合成橡胶可分为通用合成橡胶、半通用合成橡胶、专用合成橡胶以及特种合成橡胶。天然橡胶是最典型的通用橡胶，同时也有经改性的特种天然橡胶；而通用及半通用的合成橡胶既有部分天然橡胶的通用特性，又有专用橡胶的性能。

（4）按化学结构分类　根据橡胶分子链上有无双键存在，可分为不饱和橡胶及饱和橡胶两大类。前者有二烯类及非二烯类的硫化型橡胶（天然橡胶、丁苯橡胶、顺丁橡胶、氯丁橡胶、丁腈橡胶等），后者有非硫化型橡胶及其他弹性体之分。饱和橡胶还可进一步分为主链含亚甲基的橡胶（乙丙橡胶、氯化聚乙烯、氯磺化聚乙烯、丙烯酸酯橡胶以及氟橡胶等）、主链含硫的橡胶（聚硫橡胶）、主链含氧的橡胶（氯醚橡胶）、主链含硅的橡胶（硅橡胶）等。

（5）按橡胶的补强功能分类 可分为自补强性强的橡胶（又称结晶性橡胶，如天然橡胶、氯丁橡胶）和自补强性弱的橡胶〔又分为微结晶橡胶（如丁基橡胶）及非结晶橡胶（如丁苯橡胶）〕。

（6）根据橡胶最终交联的性质分类 可分为硫黄硫化、过氧化物交联、醌肟硫化、金属氧化物交联及树脂交联等多种。硫化和交联形式对橡胶的耐热、耐压缩变形、耐老化等性能有较大影响。

（7）根据橡胶分子链中是否含有极性基团分类 可分为极性橡胶（耐油橡胶）、非极性橡胶（不耐油橡胶）。

6.1.3 橡胶的结构与性能

橡胶是胶料最重要的组分，橡胶的化学结构是决定胶料使用性能、工艺性能和产品成本的主要因素。橡胶的主链结构主要有两大类：二烯类橡胶（如天然橡胶、丁苯橡胶等）及非二烯类橡胶（如氯磺化聚乙烯、乙丙橡胶等）。

6.1.3.1 主链结构与侧链结构

主链结构决定了橡胶的基本性能，一般来说橡胶分子的链结构对其性能的影响有下列基本规律：

（1）双键结构 主链含有双键的橡胶可以用硫黄硫化，且具有良好的弹性，但双键结构在使用中易氧化而使橡胶老化，其热稳定性也较差；主链不含双键的橡胶，则不能用硫黄硫化，必须采用有机过氧化物或其他交联剂，弹性不太好（部分饱和橡胶除外），但这种橡胶具有优异的耐氧老化和耐热老化性能。

（2）大分子链要有足够的柔性，玻璃化温度应比室温低得多，大分子链内旋转位垒较小，分子间作用力较弱，内聚能密度也较小，这是保证橡胶弹性的首要条件。

（3）大分子链上应存在可进行交联的活性点（主要是双键），以便成型后能交联形成网状结构。

（4）主链的化学键能越高，则橡胶的耐热性能越好。

（5）带供电取代基者容易氧化，如天然橡胶；而带亲电取代基者则较难氧化，如氯丁橡胶，由于氯原子对双键和 α 氢的保护作用，使它成为双烯类橡胶中耐热性最好的橡胶。

（6）侧链结构则与橡胶的耐油性能、耐溶剂性能以及电性能等的关系较大，一般地，当橡胶分子链上连接极性大的侧链或基团时，其耐油性及耐溶剂性能较好，而电绝缘性能则稍差（如 NBR、CR）。

6.1.3.2 相对分子质量与相对分子质量分布

相对分子质量越高，分子链柔性越大，则橡胶的弹性和强度越大；相对分子质量越大，橡胶分子链越长，则橡胶分子链间的作用力越大，黏度越高，加工时流动越困难。

橡胶的相对分子质量一般为 $10^5 \sim 10^6$。

另一方面，相对分子质量分布的影响比较复杂。一般来说，相对分子质量分布窄的橡胶，分子链发生相对滑移的温度范围窄，黏流温度 T_f 高；而相对分子质量分布宽者，分子链间发生相对滑移的温度范围较宽，其中高相对分子质量部分提供强度，而低相对分子质量部分则有一定的增塑作用，T_f 较低，可提高胶料的流动性和黏性，改善混炼时胶料的包辊性能及混炼效果，即胶料的工艺性能较好；同时，橡胶相对分子质量分布较宽时，可有效防止压出胶产生鲨鱼皮表面和融体破裂现象。

6.1.3.3　结晶性

橡胶的物理机械性能与其结晶性有着密切的关系。结晶型橡胶在拉伸作用下容易形成结晶结构，从而呈现较高的强度；而非结晶橡胶在拉伸作用下则难于形成结晶结构，因而强度较低。例如，天然橡胶的化学结构为顺式-1,4-聚异戊二烯，属于一种容易发生结晶化的结构，因此，天然橡胶即使不加补强剂也有较好的拉伸强度；而丁苯橡胶是由丁二烯和苯乙烯共聚组成的无规共聚物，难于发生结晶化，因而丁苯橡胶非加补强剂不可，其区别主要在于两者的结晶性不同。

需要说明的是，尽管结晶性强的橡胶的自补强性较好，但为了保证橡胶材料的高弹性，一般要求橡胶分子在使用条件下不结晶或结晶度很小。如天然橡胶在拉伸时分子链伸长取向，排列更密集规整，形成结晶，而除去负荷后结晶的分子链又能重新回复无序的状态，这是最理想的，因为部分结晶能引起分子间的物理交联从而提高强度和模量，卸载后结晶又消失，不影响其弹性恢复性能。

6.1.4　橡胶的组成配方

由于天然橡胶和合成橡胶的分子结构一般为线形大分子，机械性能不好、耐热耐寒性差、溶解度较大、塑性也大，且生胶的耐老化性能极差。因此，生胶一般不能作为制品材料直接使用，而必须根据制品的使用性能要求选择添加一定量的其他高聚物（塑料、橡胶等）以及诸如防老剂、硫化剂、补强剂、填充剂等各种添加剂，这一过程称为橡胶的配合（配方设计）。橡胶配合与加工的目的概括起来主要在于：

（1）使橡胶的分子结构由线形大分子转变为三维网状体形结构（交联硫化，生胶→熟胶）。

（2）使橡胶具有良好的加工性能和成型性能。

（3）使橡胶具有恰当的物理机械性能，满足特殊的使用要求。如必须根据制品的使用条件和性能要求选用适当的配合剂和加工工艺，使橡胶具有适当的强度、弹性、电性能、阻燃性能、耐久性、外观、色彩等等。

（4）降低制品成本，提高经济效益。原料橡胶价格昂贵，而大部分填料的价格相对较低，在保证制品性能符合使用要求的前提下，选用适当种类和适当含量的填充剂可大大降低制品的成本，给生产经营带来可观的经济效益。

橡胶常用的配合剂主要有：硫化体系配合剂（包括硫化剂、硫化促进剂、硫化活性剂等）、补强填充体系配合剂（包括各种炭黑、白炭黑、补强剂、填充剂、分散剂、偶联剂等）、工艺操作系统配合剂（包括填充油、软化剂、增塑剂、塑解剂、防焦剂、增粘剂等）、特性赋予配合剂（包括着色剂、发泡剂和发泡助剂、阻燃剂、抗静电剂、芳香剂等）等。

6.1.5　橡胶的加工

如图 6-1 所示，橡胶的加工主要包括塑炼、混炼、成型、硫化等工艺过程。橡胶制品的最终性能与每个加工过程的工艺条件都有一定的关系，因此橡胶加工中，必须加强对每一个加工工序的质量监控。

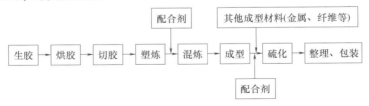

图 6-1　橡胶制品的加工过程

（1）塑炼　生胶因黏度过高或均匀性较差等缘故，往往难于直接加工。将生胶通过机械（开炼机或混炼机塑炼）或化学（添加塑解剂）等方法进行一定的加工处理，使生胶的相对分子质量和弹性适当降低，可塑度和流动性适当增加，就能使生胶获得必要的加工性能。生胶的这种加工过程称为塑炼。

（2）混炼　为了提高橡胶产品的使用性能、改进工艺和降低成本，一般都要在生胶中加入各种配合剂。在炼胶机（开炼机或混炼机）上将各种配合剂加入生胶制成混炼胶的过程称为混炼，它是橡胶加工最重要的基本工艺之一。

（3）硫化　在加热或辐照等条件下，胶料中的生胶与硫化剂发生化学反应，由线形结构的大分子交联成为立体网状结构的大分子，并使胶料的物理机械性能及其他性能发生根本变化，这一过程即称为硫化。焦烧是指胶料在成型之前（如在塑炼、混炼或储存过程中），因发生先期硫化而出现凝胶（熟胶）粒子，影响胶料的成型加工性能，这在胶料加工中应当避免。

思　考　题

1. 橡胶材料最主要的性能特点是什么？是由其什么结构引起的？
2. 橡胶加工的主要目的是什么？
3. 简述橡胶加工的基本工艺过程。
4. 橡胶分子链是否含有双键对橡胶的硫化工艺和硫化胶的性能有何影响？
5. 结晶性对橡胶材料的物理机械性能有何影响？
6. 橡胶的主链结构和侧链结构对其性能有何影响？

6.2　天　然　橡　胶

6.2.1　天然橡胶概述

6.2.1.1　天然橡胶简介

天然橡胶（Natural rubber，NR）是从天然植物中获取的以异戊二烯为主要成分的天然高分子化合物。通常我们所说的天然橡胶，是指从天然植物上采集的天然胶乳（图 6-2），经过凝固、干燥等加工工序而制成的弹性固状物。在世界上，含有天然橡胶成分的植物多达 800 余种，而品质好、有经济价值的只有赫薇亚系的三叶橡胶树一种。目前，天然橡胶的消耗量在全世界已超过 1300 万 t，从品种上讲，约 90% 以上为固态橡胶，其余 10% 左右为胶乳和液体天然橡胶。

图 6-2　天然胶乳

6.2.1.2　一般物性

天然橡胶具有最好的综合力学性能和加工工艺性能，其缺点是耐油性、耐臭氧老化和耐热氧老化性差。天然橡胶生胶没有一定的熔点，在常温下稍带塑性，温度降低则逐渐变硬，弹性下降，冷冻的天然橡胶，经过加热到常温后可以恢复原状。

6.2.1.3　天然橡胶的分级

天然橡胶的生产方法是从天然植物上收取新鲜胶乳（通常呈白色），经加酸凝固、压片或造粒、熏烟或热风干燥等工艺而得。

天然橡胶的分级是根据天然橡胶的外观质量或理化性能对天然橡胶按品质优劣进行分等，以便作为生产和使用天然橡胶的依据。

天然橡胶的各主要生产国都有自己的分级标准。天然橡胶的外观分级法主要是根据色泽、强韧性、胶锈和干霉程度、气泡数量等外观质量进行分级。理化性能分级法是根据天然橡胶的杂质含量、塑性初值 P0、塑性保持指数 PRI、氮含量、挥发物含量、灰分含量等理化性能指标进行分级。

6.2.1.4　发展历史

1839 年美国人 C. Goodyear 发现在橡胶中加入硫黄和碱式碳酸铅，经加热后制出的橡胶制品遇热或在阳光下曝晒时，不再像以往那样易于变软和发黏，而且能保持良好的弹性，从而发明了硫化橡胶，至此天然橡胶才真正被确认其特殊的使用价值，成为一种极其重要的工业原料。

1888 年英国人 J. B. Dunlop 发明了橡胶充气轮胎，促使汽车轮胎工业飞跃地发展，因而导致橡胶使用量急剧上升。

6.2.2　天然橡胶的品种与性能特点

通用固体天然橡胶又称三叶橡胶、巴西橡胶（Para rubber）或赫薇亚橡胶（Hevea

rubber），它是天然橡胶中最具代表性的品种，其产量占天然橡胶总产量的 96% 以上，从野生到种植已有 500 多年的利用历史。除了橡胶树以外，还有蒲公英、银菊、杜仲（反式聚异戊二烯）等也含有橡胶成分。天然橡胶胶乳和普通胶片的化学组成见表 6-1。

简单地说，天然橡胶实际上是天然胶乳浓缩凝固而形成的。其中，橡胶烃的化学成分主要是顺式 1,4-聚异戊二烯（约占 98%）。

表 6-1　　　　　　　　　　　天然橡胶胶乳与胶片的化学组成　　　　　　　　　单位：%

主要成分	橡胶烃	水	蛋白质	其他
赫薇亚橡胶树乳液	34～37	52～60	2～2.7	2.7～8.3
乳液凝固后的烟片胶与皱片胶	91.6～96.5	0.2～0.7	2.1～3.8	1.4～4.7

6.2.3　天然橡胶的结构与性能

（1）天然橡胶的结构

① 顺式-1,4-加成结构（巴西天然橡胶）

② 反式-1,4-加成结构 α 型（α-古塔波橡胶）

③ 反式-1,4-加成结构 β 型（β-古塔波橡胶）

（2）天然橡胶的相对分子质量　3 万～3000 万；聚合度：约 10000；相对分子质量分布：2.8～10。天然橡胶的相对分子质量分布曲线一般认为具有双峰分布规律，在低相对分子质量区域（20 万～100 万）出现第一个峰，在高相对分子质量区域（100 万～250 万）出现第二个峰，低相对分子质量的橡胶具有良好的操作特性，而高相对分子质量的橡胶则具有较好的物理机械性能。所以，双峰分布、两峰分布几乎相等的橡胶，就兼有良好的操作特性和应用性能。

（3）天然橡胶的物理特性

① 天然橡胶无一定熔点，加热后慢慢软化，到 130～140℃ 时完全软化以至呈熔融状态；到 200℃ 左右开始分解，到 270℃ 则急剧分解。

② 天然橡胶的玻璃化转变温度为 −74～−69℃，在常温下稍带塑性，温度降低则逐渐变硬，0℃ 时弹性大幅度下降，冷到 −70℃ 左右则变成脆性物质。

③ 天然橡胶具有很好的弹性。

④ 天然橡胶是一种结晶性橡胶，自补强性好，具有非常好的机械强度。

⑤ 纯胶硫化胶的耐屈挠性较好，屈挠 20 万次以上才出现裂口。

⑥ 天然橡胶是良好的电绝缘材料，除去蛋白质后电绝缘性能更好，且潮湿或浸水条件下也变化不大。

⑦ 天然橡胶具有较好的气密性。

⑧ 天然橡胶是非极性物质，按溶解度参数相近相溶原则，它可溶于非极性溶剂和非极性油中。

（4）天然橡胶的化学特性

① 天然橡胶含有不饱和双键，双键分布在整个橡胶分子的长链中，可以发生加成、取代、环化、裂解等反应。天然橡胶的双键与硫化体系均匀地混合，在一定温度和压力下反应一定时间，就会由线形结构的生胶转变成网状结构的硫化胶。

② 天然橡胶在空气中容易与氧进行自动催化氧化的连锁反应，导致分子链断裂或过度交联，橡胶发生粘化和龟裂，使橡胶的物理机械性能下降，这就是橡胶的老化。光、氧、热和金属都能促使天然橡胶老化，未加防老剂的天然橡胶会在阳光、臭氧、高温下迅速老化。

③ 在低温下，天然橡胶会发生可逆结晶。

④ 天然橡胶具有较好的耐碱性能，但不耐浓度较高的强酸。

6.2.4　天然橡胶的主要应用领域

天然橡胶是用途最广的通用橡胶品种。它可以单用制成各种橡胶制品，也可与其他橡胶并用，以改进其他橡胶的性能如成型粘着性、拉伸强度等。它广泛应用于轮胎、胶管、胶带、橡胶手套及各种工业橡胶制品（图 6-3）。

图 6-3　常见橡胶制品

6.2.5　其他天然橡胶类聚合物

（1）环化天然橡胶　环化天然橡胶是第一种化学改性天然橡胶。环化天然橡胶的构型完全改变，相对分子质量急剧下降，密度、折射率升高，可以直接在密炼机或开炼机用对甲苯磺酸催化反应，使天然橡胶环化。

（2）氢化天然橡胶　氢化天然橡胶是指天然橡胶的双键氢化所得到的一种化学改性天然橡胶。完全氢化的天然橡胶，相当于是乙烯和丙烯交替结合的共聚物，但是氢化天然橡胶的乙烯和丙烯交替排列更为规则，因此氢化天然橡胶的结晶性、耐臭氧老化性能、耐酸碱及有机溶剂性能等都比乙丙橡胶好。

（3）氢卤化天然橡胶　商品化的氢氯化天然橡胶，主要是将天然橡胶溶解在有机溶剂或直接采用阳离子交换反应而生产的，可用作涂料和包装用途的透明胶膜，是一种多晶结构、有韧性的半弹性体材料。

（4）卤化天然橡胶　天然橡胶的卤化包括氯化、溴化。

（5）环氧化天然橡胶　环氧化天然橡胶是对天然橡胶的双键进行环氧化所得到的化学改性天然橡胶，环氧化天然橡胶是顺式-1,4-异戊二烯链节和环氧化异戊二烯链节组成的无规共聚物。

（6）顺反异构天然橡胶　天然橡胶异构化主要是改善天然橡胶的结晶性，部分异构化的天然橡胶低温非结晶性比天然橡胶更好。

（7）马来酸酐改性天然橡胶　天然橡胶等二烯类高聚物与一些活性不饱和化合物，可以发生 Diels-Alder 加成反应。其中，在过氧化苯甲酰的作用下，天然橡胶与马来酸酐进行加成反应，可以制备马来酸酐改性天然橡胶。

（8）热塑性天然橡胶　热塑性天然橡胶的制备分为接枝法和共混法。接枝法是指通过化学反应将苯乙烯接枝到聚异戊二烯的分子链上，共混法是直接将天然橡胶与聚苯乙烯或聚丙烯在炼胶机上共混，即可得热塑性天然橡胶。

（9）甲基丙烯酸甲酯接枝天然橡胶　甲基丙烯酸甲酯在天然橡胶分子链上的接枝，可以采用天然橡胶干胶，直接在塑炼机上进行；也可采用有机溶剂将天然橡胶溶胀（或溶解），再加入甲基丙烯酸甲酯（或直接用甲基丙烯酸甲酯将天然橡胶溶胀），然后进行引发接枝；还可采用天然橡胶胶乳直接与甲基丙烯酸甲酯进行接枝共聚。

思 考 题

1. 含有天然橡胶代表性植物有哪些？
2. 天然橡胶的相对分子质量分布特点是什么？对于天然橡胶性能有哪些影响？
3. 天然橡胶的化学结构是什么？
4. 天然橡胶与普通合成橡胶的成分区别在哪里？影响其哪些性能？
5. 天然橡胶的主要应用领域有哪些？

6.3　丁苯橡胶

6.3.1　丁苯橡胶概述

丁苯橡胶（Styrene butadiene rubber，缩写 SBR）是丁二烯与苯乙烯的共聚物，是最早工业化的通用合成橡胶，其加工性能及制品的使用性能接近于天然橡胶，有些性能如耐磨、耐热、耐老化及硫化速度较天然橡胶更为优良，是最大的通用合成橡胶品种，也是最早实现工业化生产的橡胶品种之一，年消费量居合成橡胶首位，其结构式如下：

$$\left[\left(CH_2-CH=CH-CH_2\right)_x\left(CH_2-CH\right)_y\left(CH_2-CH\right)_z\right]_n$$

SBR

1933 年，德国 I. G. Farben 公司首先制得了 ESBR 乳聚丁苯橡胶，并在 1937 年实现 ESBR 的高温乳液聚合的工业化生产。1942 年，美国通过氧化还原引发体系，率先采用低温乳聚法生产 ESBR。这种方法得到的 ESBR 性能更优异，目前 90% 以上的 ESBR 都是采用低温乳聚法制备。1964 年，美国 Phillips 公司和 Firestone 公司相继实现了溶聚丁苯橡胶（SSBR）的工业化。SSBR 的生产成本比 ESBR 的略高一些，但其性能要比 ESBR 的优越得多，所以 SSBR 与 ESBR 相比有更大的优势，这促使 SSBR 得到了迅速的发展。

6.3.2　丁苯橡胶的合成工艺

丁苯橡胶是丁二烯和苯乙烯的共聚物，聚合方法有乳聚和溶聚两种。

乳聚丁苯橡胶最早是由德国 I. G. Farben 公司于 1933 年采用乙炔合成路线首先研制成功的。乳聚丁苯橡胶有高温聚合（聚合温度为 50℃）和低温聚合（聚合温度为 5～8℃）两种方法。若在乳胶凝聚前加入适量的填充油或炭黑，则可分别得到充油丁苯橡胶、丁苯橡胶炭黑母炼胶或充油丁苯橡胶炭黑母炼胶。

溶聚丁苯橡胶是采用阴离子型催化剂（如丁基锂），使丁二烯与苯乙烯进行溶液聚合的共聚物。根据聚合条件和所用催化剂的不同，溶聚丁苯橡胶又可分为无规型、嵌段型和星型。其中，无规型溶聚丁苯橡胶类似于乳聚丁苯橡胶，可用于轮胎、鞋类和工业橡胶制品；嵌段型和星型溶聚丁苯橡胶则具有热塑性，主要用于制鞋和其他工业橡胶制品。若溶液聚合的催化剂用醇烯络合物，则所得产物称为醇烯溶聚丁苯橡胶。

锡偶联丁苯橡胶是以四氯化锡为偶联剂制得的带有支化结构的丁苯橡胶，它具有低的滚动阻力和高的抗湿滑性能，胶料门尼黏度较低，容易加工，耐磨性好，强度也大于一般的丁苯橡胶。

高反式-1,4-丁苯橡胶（HTSBR）是在二叔醇钡氢氧化物-有机锂催化体系作用下，由丁二烯和苯乙烯共聚而成，其物理机械性能比普通丁苯橡胶要好得多。

6.3.3　丁苯橡胶的品种与性能特点

丁苯橡胶的品种如下所示：

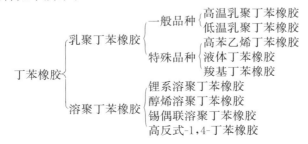

丁苯橡胶的性能特点：

① 丁苯橡胶为不饱和橡胶，化学活性较天然橡胶低，硫化速度较慢，耐热耐老化性较好。

② 丁苯橡胶的弹性低于天然橡胶，内聚能密度比天然橡胶高，此外丁苯橡胶不能结晶，其未补强的硫化胶的抗拉强度、撕裂强度以及生胶的格林强度均远低于天然橡胶，但丁苯橡胶的耐磨性始终优于天然橡胶。

③ 丁苯橡胶的耐龟裂性优于天然橡胶，但裂口增长比天然橡胶快，溶聚丁苯橡胶耐花纹沟龟裂性能比乳聚丁苯橡胶好。

④ 丁苯橡胶耐寒性，自粘性差，生热大，加工收缩性大。丁苯橡胶充油后能降低生热，加工性能变好。

6.3.4　丁苯橡胶的结构与性能的关系

① 丁苯橡胶的单体比例直接影响聚合物的玻璃化转变温度。随着苯乙烯含量的增加，丁苯橡胶玻璃化转变温度升高，苯乙烯含量为 25% 时，T_g 为 -65℃；苯乙烯含量为 50% 时，T_g 为 -55℃；苯乙烯含量为 75% 时，T_g 为 0℃。

② 随着苯乙烯含量的增加，丁苯橡胶模量增加，弹性下降，拉伸强度先升高后下降，在苯乙烯含量为 50% 时出现极值。

③ 乳聚丁苯橡胶苯乙烯含量一般为 35% 时，综合性能最好。大多数溶聚丁苯橡胶的苯乙烯含量在 18%～25%。

④ 丁苯橡胶因分子结构不规整，属于不能结晶的非极性胶，苯环和侧乙烯基的存在使大分链柔性较差，分子内摩擦增大。

6.3.5　丁苯橡胶的加工

硫黄是丁苯橡胶的主要硫化剂。丁苯橡胶的不饱和度比天然橡胶低，因而硫黄用量应低于天然橡胶，一般为 1.0～2.5 份。在一定范围内，随着硫黄用量的增加，硫化时间缩短，交联密度增高，硫化胶的硬度、定伸应力、拉伸强度、回弹率等都增大，而伸长率、永久变形、生热等则减少，热老化性能和屈挠性能变差。丁苯橡胶硫化速度比天然橡胶慢，一般要加入适当的促进剂。丁苯橡胶常用的主促进剂有噻唑类、次磺酰胺类和秋兰姆类。

未加填料的纯丁苯硫化胶的强度很低，没有实用价值，丁苯橡胶用补强剂中，以炭黑最优，炭黑的种类不同时其对丁苯橡胶的补强效果也不同。

丁苯橡胶混炼前一般不需塑炼。与天然橡胶相比，丁苯橡胶混炼时配合剂难分散、生热大。当采用密炼机混炼时，通常采用二段混炼法，混炼温度控制在 137～139℃，时间不宜过长，硫黄、促进剂一般在压片机上加入或在二段混炼时加入。开炼机混炼时，一般也采用二段混炼法，操作时，因丁苯橡胶生热大，应充分冷却辊筒，一般辊筒温度低，混炼时间适当延长，对丁苯橡胶硫化胶的物理机械性能有利。

6.3.6　丁苯橡胶的主要应用领域

丁苯橡胶主要用于轮胎工业，在轿车胎、小型拖拉机胎及摩托车胎中应用比例较大，而在载重胎以及子午胎中的应用比例较小。此外也用于胶管、胶带、胶鞋以及其他一些工业制品。高苯乙烯丁苯橡胶适于制造高硬度、相对密度大的制品，如实质鞋底、硬质泡沫鞋底、硬质胶管、软质棒球、打字机用滚筒、滑冰轮、铺地材料、工业制品和微孔海绵制品等（图 6-4）。

图 6-4　丁苯橡胶制品

思 考 题

1. 丁苯橡胶的主要制备原料是什么？
2. 与一般通用橡胶相比，丁苯橡胶在性能上具有哪些优缺点？
3. 丁苯橡胶中苯乙烯的比例在如何影响其性能？
4. 丁苯橡胶的主要应用领域有哪些？

6.4　顺丁橡胶

6.4.1　顺丁橡胶概述

顺丁橡胶是顺式-1,4-聚丁二烯橡胶的简称，缩写 BR，其分子式为 $(C_4H_6)_n$。顺丁橡胶是由丁二烯聚合而成的结构规整的合成橡胶，其顺式结构含量在 95% 以上。顺丁橡胶是仅次于丁苯橡胶的第二大合成橡胶。

1910—1911 年，苏联用碱金属引发丁二烯聚合得到橡胶状物质。20 世纪 50 年代，Ziegler-Natta 配位定向聚合理论的实践，促进了顺丁橡胶合成技术的迅速发展。1956 年，美国以 $AlR_3\text{-}TiBr_4$ 催化体系合成顺丁橡胶。随后钴系、镍系及稀土系（钕系）催化顺丁橡胶相续发展。

6.4.2　顺丁橡胶的结构与性能的关系

顺丁橡胶的结构式如下：

顺式-1,4-聚丁二烯　　　　　反式-1,4-聚丁二烯

$$-[CH_2-CH-CH_2-CH]_n-$$
$$\quad\quad\ |\quad\quad\quad\ |$$
$$\quad\quad CH\quad\quad CH$$
$$\quad\quad\ ||\quad\quad\quad\ ||$$
$$\quad\quad CH_2\quad\quad CH_2$$

全同-1,2-聚丁二烯

$$-[CH_2-CH-CH-CH_2-CH_2-CH]_n-$$
$$\quad\quad\ |\quad\quad\ |\quad\quad\quad\quad\quad\ |$$
$$\quad\quad CH\quad CH\quad\quad\quad\quad\ CH$$
$$\quad\quad\ ||\quad\quad\ ||\quad\quad\quad\quad\quad\ ||$$
$$\quad\quad CH_2\quad CH_2\quad\quad\quad\quad CH_2$$

间同-1,2-聚丁二烯

顺丁橡胶的性能特点：

聚丁二烯橡胶的 T_g，主要取决于分子中乙烯基的含量，随着 1,2 结构的增加，分子的柔性下降，T_g 升高。顺式-1,4-聚丁二烯等分子中碳-碳单键易旋转，尤其是双键旁的单键，在双键的影响下更易内旋转，因此链柔性较好，顺丁橡胶结晶后的熔点低于天然橡胶的熔点。

（1）高弹性　高顺式丁二烯橡胶是当前所有橡胶中弹性最高的一种，甚至在很低的温度下（-40℃），分子链段仍能自由运动，所以能在很宽的温度范围内显示高弹性。这种低温下所具有的高弹性及抗硬化能力，使顺丁橡胶与天然橡胶或丁苯橡胶并用时能改善它们的低温性能。

（2）滞后损失及生热小　由于高顺式丁二烯橡胶分子链段运动时所需克服的周围分子链的阻力和作用力小，内摩擦小，当作用于分子的外力去除后，分子能较快地恢复至原状，因此，滞后损失小，生热小。这一性能有利于使用时反复变形且传热性差的轮胎寿命的延长。

（3）耐磨性能优异　对于需要耐磨的橡胶制品，如轮胎、鞋底、鞋后跟等，这一胶种特别适用。

（4）耐屈挠性能　高顺式丁二烯橡胶的耐动态裂口生成性能良好。

（5）填充性好　与天然橡胶及丁苯橡胶相比，高顺式丁二烯橡胶可填充更多的操作油和补强填料，有较强的炭黑润湿能力，可使炭黑较好的分散，因而可保持较好的胶料性能，有利于降低制品成本。

（6）混炼时门尼黏度的下降幅度小，能经受较长时间的混炼操作，而对胶料的口型膨胀及压出速度几乎无影响。

（7）与其他弹性体的相容性好　能与天然橡胶、丁苯橡胶、氯丁橡胶等互容，与丁腈橡胶相容性不好。

（8）模内流动性好　用顺丁橡胶制造的制品缺胶情况少。

（9）水吸附性小　顺丁橡胶可用于制造电线电缆等需耐水的橡胶制品。

顺丁橡胶的缺点是拉伸强度与撕裂强度较低，掺用这种橡胶的轮胎胎面，都不耐刺，较易刮伤；抗湿滑性差；易出现胎面花纹块崩掉的现象；加工性能欠佳；贮存时易冷流。

6.4.3　顺丁橡胶的加工

高顺式丁二烯橡胶含炭黑胶料的硫化速度介于天然橡胶与丁苯橡胶之间。

炭黑是顺丁橡胶最好的补强剂，与天然橡胶及丁苯橡胶相比，由于顺丁橡胶对炭黑的润湿性能优良，因此当顺丁橡胶填充更多的炭黑时，对胶料的物理机械性能及使用性能的影响较小。就顺丁橡胶用于轮胎时所要求的耐磨性而言，炭黑的粒子越细，则轮胎的耐磨性越好。

高顺式丁二烯橡胶也可以用白色填料作为浅色制品的补强性填充剂，如白炭黑、陶土、碳酸钙、碳酸镁等，但只有白炭黑和碳酸镁的补强效果较好。

顺丁橡胶的门尼黏度一般在合成时就已控制在适当的范围内，因此一般不用塑炼即可直接混炼。

顺丁橡胶采用开炼机混炼时，必须严格控制辊筒温度在 40～50℃，否则由于顺丁橡胶对辊筒温度的敏感性大，易造成胶料脱辊现象。采用密炼机混炼时，则应采用稍大一些的加料系数，以防混炼时胶料在密炼机中打滑。另外，当顺丁橡胶与其他橡胶并用时，应尽量使每一种橡胶的门尼黏度大致相等，以达到最佳的混炼效果。

6.4.4　顺丁橡胶的主要应用领域

顺丁橡胶特别适于制造汽车轮胎和耐寒制品，用于轮胎时主要与天然橡胶和丁苯橡胶并用；还可以制造缓冲材料以及各种胶管、胶带、胶鞋及其他橡胶制品等（图 6-5）。

图 6-5　顺丁橡胶制品

思 考 题

1. 顺丁橡胶的性能有哪些优缺点？
2. 顺丁橡胶的分子结构是什么？
3. 顺丁橡胶加工时需要加入补强剂吗？为什么？

6.5　乙 丙 橡 胶

6.5.1　乙丙橡胶概述

乙丙橡胶是以乙烯、丙烯为主要单体，采用齐格勒-纳塔催化剂溶液聚合而成的橡胶。依据分子链中单体组成的不同，有二元乙丙橡胶和三元乙丙橡胶之分，前者为乙烯和丙烯的共聚物，以 EPM 表示，后者为乙烯、丙烯和少量的非共轭二烯烃第三单体（第三单体包括 1，4-己二烯、双环戊二烯、亚乙基降冰片烯）的共聚物，以 EPDM 表示。两者统称为乙丙橡胶（Ethylene propylene rubber，EPR）。乙丙橡胶在合成橡胶中排第四位，约占合成橡胶总量的 8%。

二元乙丙橡胶结构式：

$$+CH_2-CH_2\xrightarrow{}_x CH_2-CH\xrightarrow{}_y \xrightarrow{}_n$$
$$CH_3$$

三元乙丙橡胶（第三单体亚乙基降冰片烯）结构式：

$$+CH_2-CH_2\xrightarrow{}_x CH_2-CH\xrightarrow{}_y CH-CH\xrightarrow{}_n$$

19 世纪 50 年代纳塔与意大利的 Montecatini 公司（即现在的意大利 Enichem 公司）以乙烯、丙烯为原料，采用齐格勒-纳塔催化体系进行配位共聚合，首先成功地合成了具有优良抗臭氧和耐热等特性的一种完全饱和的二元乙丙橡胶。1961 年 Eniay 化学公司（即现在的 Exxon 公司）建成世界第一座乙丙橡胶溶液聚合工业生产装置。1968 年 ENB（亚乙基降冰片烯）开始作为第三单体用于工业生产。1971 年美国和意大利共同开发了悬浮法乙丙橡胶合成技术并实现工业化。1996 年底，美国 UCC（联合碳化物）公司在美国得克萨斯州的 Seadrift 兴建一套 9.1 万 t/a 的气相法乙丙橡胶大型工业装置，并于 1998 年 11 月建成投产，标志着乙丙橡胶生产技术取得了突破性进展。美国 Du-Pont 公司于 1997 年建成 9.1 万 t/a 溶液聚合茂金属乙丙橡胶装置；同年日本 Mitsui 公司建成 3 万 t/a 溶液聚合茂金属乙丙橡胶装置，茂金属催化剂成功合成乙丙橡胶，标志着乙丙橡胶进入一个崭新的发展阶段。

6.5.2 乙丙橡胶的合成工艺

乙丙橡胶生产技术主要有溶液聚合法、悬浮聚合法和气相聚合法三种，其中溶液聚合法是目前乙丙橡胶主要的生产方法。

溶液聚合是在既可以溶解产品，又可以溶解单体和催化剂体系的溶剂中进行的均相反应，通常以直链烷烃为溶剂（如正己烷）。工业化的溶液聚合主要有齐格勒-纳塔系列催化剂的低温溶液聚合和茂金属系列催化剂的高温溶液聚合技术两种。钒催化体系溶液法工艺的乙丙橡胶产量最大，产品牌号最多，市场适应能力强，其产量约占世界乙丙橡胶产量的 80%。

气相聚合工艺由美国 UCC（联合碳化物）公司开发成功，并于 1998 年在美国 Du-Pont Dow 化学公司建成世界上第一套生产装置（9.1 万 t/a），产能占世界乙丙橡胶总能力的 9% 左右。气相聚合法与溶液聚合法和悬浮聚合法相比，不使用溶剂，不需溶剂的脱除、回收、干燥工序。不仅工艺简单，还可以大幅度降低能源消耗，几乎无三废排放，投资少，成本低。气相聚合法的缺点是由于产品中含有炭黑，产品通用性差，橡胶性能不适应某些用途需要。

6.5.3　乙丙橡胶的结构与性能的关系

（1）耐候性、耐氧老化性能、耐臭氧老化性能优异　乙丙橡胶的主链结构均不含双键（三元乙丙橡胶第三单体所引入的双键位于侧链上），是完全饱和的直链型结构，因此，乙丙橡胶具有突出的耐候性和耐氧老化性能。

（2）耐热性优异　乙丙橡胶一般可在 120℃ 的环境中长期使用，使用温度上限为 150℃，温度高于 150℃ 时乙丙橡胶即开始缓慢分解。但加入适宜的防老剂可以改善乙丙橡胶的高温使用性能，用过氧化物交联的二元乙丙橡胶则可以在更苛刻的条件下使用。

（3）冲击弹性和低温性能优良　乙丙橡胶的内聚能低，无庞大侧基阻碍分子链运动，因而能在较宽的温度范围内保持良好的柔性和弹性。乙丙橡胶的弹性较高，在通用橡胶中其弹性仅次于天然橡胶和顺丁橡胶。由于乙丙橡胶与塑料的相容性较好，因此常用作塑料耐冲击性能的优良改性剂。

（4）电绝缘性能良好　乙丙橡胶是非极性疏水材料，具有非常好的电绝缘性能和耐电晕性能，击穿电压和介电常数也较高，因此特别适用于制造电气绝缘制品。且由于乙丙橡胶的吸水性小，浸水后的电气性能变化也很小，因此乙丙橡胶适于制造在水下作业的电线电缆等。

（5）对极性化学药品的抗耐性较好　由于乙丙橡胶没有极性，不饱和度又低，因此对各种极性化学药品如醇、酸（乙酸、盐酸等）、强碱（氢氧化钠）、氧化剂、洗涤剂、动植物油、酮和某些酯类均有较大的抗耐性，长期接触后性能变化不大，因此乙丙橡胶可以作为这些化学药品容器的内衬材料。但乙丙橡胶在脂肪族、芳香族溶剂（如汽油、苯、二甲苯等）和矿物油中的稳定性较差。

（6）低密度和高填充特性　乙丙橡胶的相对密度是所有橡胶中最低的，为 0.85～0.87g/cm³，加之乙丙橡胶可以大量填充油和其他填充剂，因而可以降低乙丙橡胶的成本。

（7）自补强能力差　乙丙橡胶是一种无定形的非结晶橡胶，其分子主链上的乙烯与丙烯单体单元呈无规排列，因此其纯胶硫化胶的强度较低（6～8MPa），一般情况下必须加入补强剂后才有实用价值。

（8）硫化速度慢　乙丙橡胶主链没有不饱和双键，其主要缺点是硫化速度慢，比一般合成橡胶慢 3～4 倍，且粘接性差，不易加工。

6.5.4　乙丙橡胶的加工

二元乙丙橡胶由于分子结构中不含双键，因此不能用硫磺硫化，而一般采用过氧化物硫化体系，如过氧化二异丙苯（DCP）或者辐射交联等。同时，为提高交联效率，防止二元乙丙橡胶在硫化过程中主链上的丙烯链断裂，降低胶料黏度，改善加工性能，提高硫化胶的某些物理机械性能，在过氧化物硫化体系中通常还加入一些共交联剂。

三元乙丙橡胶中由于第三单体引入了双键，因此既可以采用普通的硫黄硫化体系，也可以采用过氧化物、醌肟及反应性树脂等其他硫化体系进行硫化。

乙丙橡胶的塑炼效果差，一般不经塑炼而直接混炼。二元乙丙橡胶的混炼比较容易进行，可以用一般方法在开炼机或混炼机上混炼，过氧化物一般在开炼机上 100℃ 以下加入，某些硫化速度慢的过氧化物（如 DCP）也可以在密炼机上加入。而三元乙丙橡胶则由于缺乏粘着性，混炼时不易"吃"炭黑，不易包辊，因此应当选择适当的混炼工艺操作条件。

6.5.5　乙丙橡胶的主要应用领域

乙丙橡胶主要应用于要求耐老化、耐水、耐腐蚀及电气绝缘性能高的领域，如轮胎胎侧、内胎、电线电缆、汽车配件、高空探测材料、国防和军工物资等（图 6-6）。

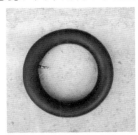

图 6-6　乙丙橡胶制品

思　考　题

1. 三元乙丙橡胶所用的第三单体为什么必须是非共轭二烯烃？工业上主要用哪几种？

2. 简述 EPR 的分子结构及基本特性？

3. 乙丙橡胶硫化体系及补强填充体系有何特点？

4. 乙丙橡胶突出的性能特点是什么？

6.6　氯 丁 橡 胶

6.6.1　氯丁橡胶概述

氯丁橡胶（Chloroprene rubber，CR）是 2-氯-1,3-丁二烯（$CH_2 =\!CCl—CH =\!CH_2$）经乳液聚合而成的聚合物，是合成橡胶中最早研究开发的品种之一。2015 年世界氯丁橡胶生产能力约 42.7 万吨，占合成橡胶总量的 2.96%。

氯丁橡胶的生产普遍采用乳液聚合法（以水为介质，松香酸皂为乳化剂，过硫酸钾为引发剂）。氯丁二烯的性质活泼，很容易发生聚合，特别是采用乳液聚合法时，在室温下即可进行聚合反应。

通用型氯丁橡胶根据乳液聚合时所加入的聚合反应终止剂的不同而分为硫磺调节型和非硫调节型两类。

6.6.2　氯丁橡胶的结构与性能的关系

（1）自补强性较强　氯丁橡胶的分子结构中，反式 1,4-结构含量在 85% 以上，这意味着分子呈规则的线性排列，易于结晶，因此氯丁橡胶的强伸性能与天然橡胶相似，属自补强性橡胶，其生胶就具有很高的强度，纯胶硫化胶的拉伸强度可达 27.5MPa，断裂伸长率可达 800%。

（2）优良的耐老化性能　氯丁橡胶分子链的双键上联接有氯原子，使得双键和氯原子都趋于稳定而变得不活泼，因此其硫化胶的稳定性较好，不易受热、氧和光等的作用，表现出优良的耐老化（耐候、耐臭氧及耐热等）性能。氯丁橡胶能在 150℃下短期使用，在 90～110℃下使用可达 4 个月之久。

（3）优异的耐燃性　氯丁橡胶因含有氯原子，具有接触火焰可以燃烧，而隔断火焰即自行熄灭的性能。这是由于因为氯丁橡胶燃烧时，在高温作用下，可分解出氯化氢而使火熄灭。

（4）优良的耐油、耐溶剂性能　由于氯丁橡胶中含有极性氯原子，其耐油性仅次于丁腈橡胶，同时还具有很好的耐化学腐蚀性，除强氧化性酸外，其他酸、碱对氯丁橡胶几乎没有影响。

（5）良好的耐水性及耐透气性　氯丁橡胶的耐水性比其他合成橡胶好，如加入耐水性物质，则耐水性更好。其耐透气性仅次于丁基橡胶，比天然橡胶大 5～6 倍。

（6）良好的粘接性　氯丁橡胶由于极性强，粘合强度高，被广泛用作黏合剂。适用范围广，耐老化、耐油、耐化学腐蚀，具有弹性，使用简便，一般无须硫化。

（7）电绝缘性能较差　氯丁橡胶因分子中含有极性氯原子，所以电绝缘性能不好，仅适于制造 600V 以下的低压电线。

（8）耐寒性较差　氯丁橡胶分子由于结构的规整性和极性，内聚能较大，限制了分子的热运动，特别是在低温下，热运动更加困难，在拉伸变形时易产生结晶而失去弹性，难于恢复原状，甚至发生脆性断裂现象，因此耐寒性不好。氯丁橡胶的结晶温度范围为- 35～- 32℃，脆性温度为- 35～- 40℃。

（9）贮存稳定性差　由于氯丁橡胶结晶倾向大，其生胶及硫化胶经长期放置后，便会缓慢硬化，出现塑性下降、焦烧时间缩短、硫化速度加快等现象，因此氯丁橡胶的贮存稳定性差。

（10）相对密度较大　氯原子导致氯丁橡胶的相对密度增大，为 1.15～1.25g/cm³。因此在制造相同体积的制品时，其用量比一般通用橡胶要大。

6.6.3　氯丁橡胶的加工

氯丁橡胶由于含有氯原子，使双键部位的活性下降，因此用硫黄硫化的方法受到限制。氯丁橡胶采用金属氧化物作为酸接受体的硫化体系，其主交联反应是由 1，2-加成形成的叔烯丙基氯（含量约 1.5%）引起的。

硫黄调节型氯丁橡胶最常用的是轻质氧化镁和氧化锌硫化体系。一般氧化镁在混炼时先加入，可起稳定剂的作用，防止加工产生焦烧。在硫化温度下，氧化镁又变成硫化剂，起硫化时产生的氯化氢接受体的作用。而氧化锌则主要是用作硫化剂，一般应在混炼时最后加入。硫黄调节型氯丁橡胶仅采用氧化镁和氧化锌就已经能很快硫化。

硫黄调节型氯丁橡胶可以低温塑炼，在较大的剪切力作用下，橡胶的黏度下降较大，非硫调节型氯丁橡胶一般不经塑炼而可直接混炼。

6.6.4　氯丁橡胶的主要应用领域

氯丁橡胶具有优异的耐热性、耐候性、耐磨性、耐油性、阻燃性等，广泛应用于生产耐油制品、耐热输送带、耐酸碱胶管、密封制品、汽车飞机部件、电线包皮、电缆护套、印刷胶辊、垫圈（片）、黏合剂等。

思　考　题

1. 氯丁橡胶有何基本特性？为什么？
2. 氯丁橡胶为什么一般不用硫黄硫化？
3. 金属氧化物为什么能作为氯丁橡胶的硫化剂？
4. 氯丁橡胶是否必须加入补强剂（如炭黑等）以后才能制造实用制品？
5. 为什么氯丁橡胶具有阻燃性？

6.7　氟橡胶（特种橡胶）

6.7.1　氟橡胶概述

氟橡胶（FPM/FKM）是指主链或者侧链的碳原子上含有氟原子的一类高分子弹性体，其具有优异的耐化学品特性及热稳定性，其耐化学品和耐腐蚀性能在所有橡胶品种中最为优异，但是其低温条件下柔顺性较差。

氟橡胶最早由美国杜邦公司于 1948 年开发，随后经过不断的研究和发展，多种高性能氟橡胶品种相继问世并用于工业生产与应用。其中用量最大的氟橡胶品种为偏氟乙烯（VDF）-六氟丙烯（HFP）共聚物，简称 26 型氟橡胶，国外牌号为 Viton A 型氟橡胶，结构式如下：

$$\left[\left(CH_2-CF_2\right)_x\left(CF_2-CF\right)_y\right]_n$$
$$\qquad\qquad\qquad\qquad | $$
$$\qquad\qquad\qquad\qquad CF_3$$

Viton A 型氟橡胶

目前主要厂家有：美国杜邦公司、3M 泰良公司、比利时苏威公司、日本大金公司等。全世界年生产能力约为 4.5 万 t，产量约 3 万 t。

6.7.2　氟橡胶的合成工艺

以典型的 Viton A 型氟橡胶为例，其由偏氟乙烯与六氟丙烯以全氟辛酸盐为分散剂、过硫酸盐为引发剂，在低温下通过乳液聚合而制得，硫化剂为六亚甲基二胺等。

6.7.3　氟橡胶的品种与性能特点

氟橡胶主要品种有含氟烯烃类氟橡胶、亚硝基类氟橡胶、氟化磷腈类氟橡胶、全氟醚类氟橡胶等。最常用的氟橡胶为含氟烯烃类氟橡胶，此外，由于氟橡胶品种的不同，在性能特点上也具有一些差异。

（1）亚硝基类氟橡胶　主链含有 N—O 键，相比于只含有 C—C 键的氟橡胶，其柔顺性更好，但键能较低也导致热稳定性下降，此外由于亚硝基类氟橡胶的碳原子完全氟化，使其具有更强的化学稳定性。

（2）氟化磷腈类氟橡胶　主链由于 P 和 N 原子的存在，表现为半无机橡胶的特征，具有优异的耐油、耐火、耐水解性能等。

（3）全氟醚类氟橡胶　侧基为—OCF_3，破坏了分子的结构规整性，使其不仅具有耐化学药品稳定性，同时具有橡胶弹性。

6.7.4　氟橡胶的结构与性能的关系

氟橡胶一系列优异性能主要源于分子链上氟原子的引入和特殊的主链结构。首先，氟原子具有很强的电负性，其与碳原子形成的 C—F 键具有很高的键能从而难以发生断裂，使分子链具有高度的稳定性；其次氟原子半径很小，能够紧密排列在碳原子周围，对主链的 C—C 键起到屏蔽作用；最后主链的 C—C 键都为饱和状态，降低了高温下氧化和热降解的可能性。

这些分子结构上的特点赋予了氟橡胶优异的耐化学品性和优良的热稳定性，但同时由于氟原子的存在使分子链刚性增强，导致氟橡胶的低温柔顺性有所下降。因此，氟橡胶的性能在很大程度上受到其氟含量的影响。

6.7.5　氟橡胶的加工

氟橡胶可使用一般橡胶加工机械进行加工，如利用两辊开炼机及密炼机进行混炼，或用挤出机、压延机成型未硫化橡胶，再用平板硫化机及注射成型机等进行硫化。

在这一系列连续加工过程中会发生很多问题。如氟橡胶在加工过程中产生的氟化氢易对加工设备产生腐蚀，通常要加入吸酸剂，如氧化镁、氧化锑等；氟橡胶的硫化是在碱性条件下进行的，因此不宜用酸性过大的助剂；氟橡胶在加工过程中易出现粘辊、难以脱模等现象，可在加工中加入巴西棕榈蜡等植物蜡进行改善。

6.7.6　氟橡胶的主要应用领域

氟橡胶因其优异的性能，成为现代工业尤其是高技术领域不可或缺的基础材料，大量用于特殊密封制品（图 6-7）或耐高温胶管的生产（图 6-8），广泛地应用在航空、军工、汽车等领域。

图 6-7　密封胶圈

图 6-8　耐高温胶管

6.7.7　其他氟橡胶

其他氟橡胶包括氟硅橡胶、全氟三嗪醚橡胶等品种。硅氟橡胶分子主链上氧原子的存在使其具有高度柔顺性，因而低温性能优异，但氟含量较低，耐溶剂性能和热稳定性能受到影响；全氟三嗪醚橡胶含有共轭结构，提高了其耐辐射性能，并且也是氟橡胶中耐热性最好的品种，可在300℃下稳定工作。

思　考　题

1. 什么是氟橡胶？其结构特征是什么？
2. 氟橡胶的主要性能特点是什么？
3. 氟橡胶加工过程需要注意的问题是什么？
4. 氟橡胶的主要应用领域是什么？应用了它的哪些性能？

6.8　丁腈橡胶（特种橡胶）

6.8.1　丁腈橡胶概述

丁腈橡胶（NBR）是以丁二烯和丙烯腈为单体经共聚而制得的高分子弹性体，具有良好的耐油、耐热、耐磨及耐溶剂性，是目前用量最大的一种特种合成橡胶，其结构式如下：

$$\left[(CH_2-CH=CH-CH_2)_n CH_2-\underset{\underset{CN}{|}}{CH} \right]_x (CH_2-\underset{\underset{\underset{CH_2}{\parallel}}{CH}}{CH})_y$$

NBR

丁腈橡胶于1930年首次制得，1937年在德国开始工业化生产，近年来全球NBR的总产量增加较为迅速，2016年总产量为81.4万t，其生产地主要集中于亚太与欧洲等地区，目前德国朗盛公司、日本瑞翁公司和中国台湾南帝公司是世界上三大主要NBR生产企业。

6.8.2　丁腈橡胶的合成工艺

工业生产上丁腈橡胶采用丁二烯和丙烯腈单体经乳液聚合制得，按聚合温度可分为冷聚合法（5～15℃）和热聚合法（30～50℃）两类。

目前世界各国丁腈橡胶生产工艺多采用冷乳液聚合连续生产，其方法以水为介质，廉价安全；其次具有聚合物黏度低、易传热、反应温度易控制等特点。

6.8.3　丁腈橡胶的品种与性能特点

根据丁腈橡胶中丙烯腈结构含量的不同，普通丁腈橡胶大致可分为五类：极高丙烯腈（43%以上）丁腈橡胶、高丙烯腈（36%～42%）丁腈橡胶、中高丙烯腈（31%～

35%）丁腈橡胶、中丙烯腈（25%～30%）丁腈橡胶、低丙烯腈（24%以下）丁腈橡胶。

随着丙烯腈含量的增加，NBR 加工性能变好、硫化速度加快、耐热性及耐磨性能提高，但是弹性降低，拉伸后永久变形增大。丁腈橡胶具有如下性能特点：

（1）耐油性是丁腈橡胶的最大特长。因含有极性腈基，丁腈橡胶对非极性或弱极性的矿物油、动植物油、液体燃料和溶剂等有较高的稳定性，且丙烯腈含量越高耐油性越好。

（2）耐热性优于天然橡胶、丁苯橡胶及氯丁橡胶，可在空气中 120℃下长期使用，在热油中能耐 150℃的高温，甚至在 190℃的热油中浸泡 70h，仍能保持良好的屈挠性。

（3）气密性较好，仅次于丁基橡胶。

（4）耐寒性比其他通用橡胶差，丙烯腈含量增高，其耐寒性随之变差。

6.8.4　丁腈橡胶的结构与性能的关系

丁腈橡胶属于不饱和碳链橡胶，由于分子链上氰基（—CN）具有强极性，提高了分子结构的稳定性，使分子链之间的作用力变大且刚性变强，赋予了丁腈橡胶优异的耐热、耐磨、耐腐蚀性，并且在非极性溶剂中基本不发生溶胀，但是氰基的引入会使丁腈橡胶的低温柔顺性、加工性能变差，因此需注意两者之间的平衡。丁腈橡胶还具有良好的抗静电性能，是目前橡胶材料中唯一的半导体材料。此外，丁腈橡胶因具有不饱和性而易受到臭氧的破坏，加之分子柔顺性差，会使臭氧引起的龟裂扩展速度加快。

6.8.5　丁腈橡胶的加工

丁腈橡胶可采用硫黄促进剂硫化体系，也可采用低硫、无硫硫化体系或过氧化物硫化。采用低硫配方有利于提高硫化胶的耐热性，降低压缩永久变形，同时可改善其他性能。

丁腈橡胶为非结晶橡胶，自补强能力差，须加补强剂（主要是炭黑），选用喷雾炭黑的胶料工艺性能好。

另外，由于丁腈橡胶含有极性基团，大分子间的内聚能较大，黏度高、加工性差，一般要加入适量的增塑剂及软化剂以降低黏度，并改善胶料的工艺性能及硫化胶的低温性能。

丁腈橡胶的加工技术也与天然橡胶、丁苯橡胶相似。高温丁腈橡胶及高门尼黏度的丁腈橡胶必须经低温塑炼，获得所需的塑性后才能进行混炼操作。丁腈橡胶比天然橡胶韧性大，塑炼效果小，而且塑炼生热大，在高温（100℃）下易产生凝胶，因此，丁腈橡胶塑炼时必须采用低温（<30℃）、小辊距、小容量，并可采取分段塑炼方法。而低温丁腈橡胶由于凝胶含量低，可不经塑炼而直接进行混炼。

6.8.6　丁腈橡胶的主要应用领域

丁腈橡胶主要用于制造各种耐油橡胶制品，包括发泡材料（图 6-9）、耐油胶管、胶辊和耐油密封件（图 6-10）等。

图 6-9　发泡材料

图 6-10　耐油密封项圈

6.8.7　其他种类丁腈橡胶

　　丁腈橡胶还包括氢化丁腈橡胶、羧基丁腈橡胶、PVC 共混丁腈橡胶等一系列品种。如氢化丁腈橡胶将主链上的一些 C＝C 双键处理为饱和化状态，使橡胶的耐老化性能大大提高；羧基丁腈橡胶中引入了羧基，增加了丁腈橡胶的极性，进一步提高了耐油性和强度，特别是耐热性能大大提高，此外还改善了黏着性和耐老化性能。

思　考　题

　　1. 丁腈橡胶的分子结构对其性能有何影响？
　　2. 简述丁腈橡胶的主要性能特点。
　　3. 简述丁腈橡胶的加工方法。
　　4. 简述丁腈橡胶的主要应用领域。

第 7 章　热塑性弹性体

7.1　热塑性弹性体概述

7.1.1　热塑性弹性体简介

热塑性弹性体（Thermoplastic elastomer，简称 TPE）是指在常温下具有橡胶弹性，高温下可塑化成型的一类弹性体材料。这类聚合物兼具塑料的可加工性和橡胶的弹性。

热塑性弹性体是在 20 世纪 50 年代开始商业化的，60 年代出现了丁二烯-苯乙烯共聚型热塑性弹性体，70 年代热塑性弹性体迅速增长，现在已经成为高分子材料领域特别重要的组成部分。

7.1.2　热塑性弹性体的特点

（1）不需要橡胶的硫化加工过程，可像塑料一样进行热塑性加工，工艺简单，生产效率高。

（2）加工助剂少。

（3）与橡胶不同，材料可反复使用，有利于资源回收和保护环境。

（4）热塑性弹性体加工设备与橡胶加工设备不同。

7.1.3　热塑性弹性体的类别

热塑性弹性体按照制备方法可分为共聚型和共混型两大类。

共聚型热塑性弹性体采用嵌段共聚的方式将柔性链（软段）和刚性链（硬段）交替连接成大分子，在常温下软段呈橡胶态，硬段呈玻璃态或结晶态聚集在一起，形成物理交联点，材料具有橡胶的许多特性。在熔融加工时，硬段的物理交联点解开，热塑性弹性体进入黏流态，分子能够进行相对滑移，可以进行热塑性加工。共聚型热塑性弹性体按照化学结构可以分为苯乙烯类热塑性弹性体（TPS）、热塑性聚氨酯弹性体（TPU）、热塑性聚醚酯弹性体（TPEE）、聚酰胺类热塑性弹性体（TPAE）、乙烯-辛烯共聚热塑性弹性体（POE）等。

共混型热塑性弹性体采用机械共混方式使橡胶与塑料在熔融共混时形成两相结构。采用共混技术制备热塑性弹性体发展经历了三个阶段：第一阶段是简单的橡塑共混；第二阶段为部分动态硫化阶段；第三阶段是动态全硫化阶段。在这类材料中塑料为连续相，橡胶为分散相。这类热塑性弹性性能更为接近传统的硫化橡胶加工上仍可采用塑料加工设备。共混型 TPE 通常包括：聚烯烃类热塑性弹性体（TPO）、动态硫化热塑性弹性体（TPV）等。

此外，热塑性弹性体还包括氯乙烯类热塑性弹性体（TPVC/TCPE）等，其制备方式既包括化学聚合的方式，还包括共混的方式。

7.2 苯乙烯类热塑性弹性体

7.2.1 苯乙烯类热塑性弹性体的结构组成

TPS 的结构为 S-D-S 三嵌段共聚物，S 代表聚苯乙烯及其衍生物链，D 代表聚二烯烃及其衍生物的链段，硬的聚苯乙烯链相分离形成的区域作为交联点，属于物理交联，高温下可熔融加工。这类嵌段共聚物有两个玻璃化转变温度，分别来自于各自的均聚物。常温下，聚苯乙烯链处于玻璃态，聚二烯链处于高弹态；聚苯乙烯硬段互相缔合在聚合物中形成物理交联区域，与由聚二烯链构成的软段相结合，形成类似橡胶的交联网络结构，使 TPS 具有优良的弹性。当温度高于聚苯乙烯链段的 T_g 时，聚苯乙烯链硬段相熔融，物理交联解体，网状结构消失，聚合物又具有流动性。

7.2.2 苯乙烯类热塑性弹性体的种类

常见的 TPS 有苯乙烯-丁二烯-苯乙烯共聚物（SBS）、苯乙烯-异戊二烯-苯乙烯共聚物（SIS），近年来还开发了 SIS 经饱和加氢得到的新型品种 SEBS 结构式如下：

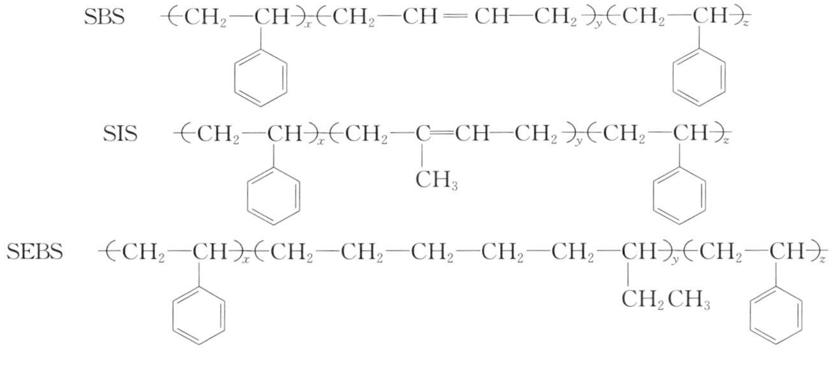

7.2.3 苯乙烯类热塑性弹性体的制备方法

TPS 是通过阴离子无终止聚合反应合成的嵌段共聚物。采用单官能团引发的三步合成，也可以采用双官能团引发的两步合成，或者单官能团的两步合成加偶联反应等多种方法。三步合成法采用烷基锂作引发剂，依次进行苯乙烯的聚合、二烯烃类单体的聚合，再加入苯乙烯单体，形成苯乙烯-二烯烃-苯乙烯三嵌段共聚物。

7.2.4 苯乙烯类热塑性弹性体的结构与性能

TPS 的性能与硬段和软段的组成比例有关，单位体积内聚二烯烃的数量及长度越大，材料的柔性越好，模量越低，且具有较好的耐水、耐极性溶剂性能，但不耐油性的非极性溶剂。

7.2.5　苯乙烯类热塑性弹性体的应用

TPS 是目前用量最大的热塑性弹性体材料，其主要应用于使用温度低于 70℃ 且对耐油性无要求的场合。最大的用途是代替 PVC 和硫化橡胶做鞋底，此外还用作塑料的改性、密封剂、胶黏剂、医疗用品（图 7-1）等。

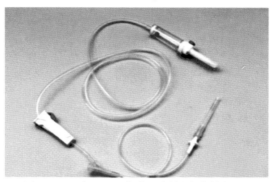

图 7-1　医疗用品（氯化乙烯树脂代替材料）

7.3　热塑性聚氨酯弹性体

7.3.1　热塑性聚氨酯弹性体的组成与制备

TPU 通常由二异氰酸酯和聚醚或聚酯多元醇以及低相对分子质量二元醇类扩链剂反应制得。根据多元醇种类的不同，TPU 可分为聚醚型、聚酯型、聚己内酯型和聚碳酸酯型。

TPU 的合成工艺分为本体聚合和溶液聚合。在本体聚合中，分为预聚法和一步法：预聚法是将二异氰酸酯与大分子二元醇先行反应一段时间，再加扩链剂生成 TPU；一步法是将二异氰酸酯、大分子二元醇和扩链剂同时混合反应生成 TPU。溶液聚合是将二异氰酸酯先溶于溶剂中，再加入大分子二元醇反应一段时间，最后加扩链剂生成 TPU。

7.3.2　热塑性聚氨酯弹性体的结构与性能

TPU 中聚醚和聚酯链段为软段，异氰酸酯和扩链剂段为硬段。长的软段控制热塑性聚氨酯的弹性、低温性能、耐溶剂性和耐候性；硬段可以形成分子内氢键或分子间氢键，提高其结晶性能，对弹性体的硬度、模量、强度具有直接的影响。TPU 结构式如下：

$$\left[\!\!\begin{array}{c}\text{O}-\overset{\text{O}}{\underset{\text{O}}{\text{C}}}-\text{NH}-\!\!\left\langle\!\bigcirc\!\right\rangle\!\!-\text{CH}_2-\!\!\left\langle\!\bigcirc\!\right\rangle\!\!-\text{NH}-\overset{\text{O}}{\underset{\text{O}}{\text{C}}}-\text{O}-\text{CH}_2\cdot\text{CH}_2\cdot\text{CH}_2\cdot\text{CH}_2\end{array}\!\!\right]_x\!\!\left[\text{O}-\text{R}\right]_y$$

聚醚型 TPU　$R=\left[CH_2\cdot CH_2\cdot CH_2\cdot CH_2\right]$ 或 $\left[\begin{array}{c}CH_2-CH \\ | \\ CH_3\end{array}\right]$

159

聚酯型 TPU $R = \text{-CH}_2 \cdot \text{CH}_2\text{-O-C-CH}_2 \cdot \text{CH}_2 \cdot \text{CH}_2 \cdot \text{CH}_2\text{-C-}$

TPU 的分子基本上是线形的，硬段分子链之间存在着许多氢键构成的物理交联，氢键的存在赋予了 TPU 许多优良的性能，如 TPU 具有很高的强度和良好的应力应变能力，是现有 TPE 中强度最高的产品。TPU 在较长时间负荷作用下，应力应变曲线下降幅度较小，适宜在长期负荷的恶劣环境中工作，并且具有良好的耐矿物油性能及优异的耐磨性。但是其耐热性不突出，长期工作温度不能高于 80℃，而且耐酸碱、耐水能力差，尤其是聚酯型 TPU。此外软段对 TPU 的性能将产生影响，如聚酯型 TPU 的拉伸和撕裂强度、耐磨性和耐非溶剂性优于聚醚型 TPU，而聚醚型 TPU 具有更好的弹性、低温性能、耐水性能等。

7.3.3 热塑性聚氨酯弹性体的主要用途

TPU 主要应用于耐磨制品、高强度耐油制品及高强度高模量制品，如图 7-2 所示。

在汽车工业，TPU 可用于生产导向套、轴封、轴承、变速杆连接护套、垫圈、垫片、密封垫、门窗封条、液压管、椅背拉手等。以玻璃纤维增强的 TPU 可提高刚性和冲击性的增强型聚氨酯弹性体，用于制作汽车保险杠等大型部件。

TPU 在旅游鞋、运动鞋及运动制品中应用较多，如滑雪鞋的外层以及运动鞋的鞋底，其中热塑性聚氨酯在足球鞋的应用最普遍。

在制管行业，TPU 通过挤出成型，可制成不同类型的管子，特别是在气动管、消防水龙带的制造上具有很大的优势。

手机壳　　　　　鞋底　　　　　管材

图 7-2　TPU 应用

7.4　热塑性聚酯弹性体

7.4.1　热塑性聚酯弹性体的组成

TPEE 是指聚醚嵌段和聚酯嵌段交替排列构成的多嵌段共聚物。最常用的单体为对苯二甲酸、间苯二甲酸、1,4-丁二醇、聚环氧丁烷二醇等。硬段是由对苯二甲酸与 1,4-丁二醇缩合而成，软段是由对苯二甲酸与聚丁二醇醚缩合而成，结构式如下：

$$\text{-[O-(CH}_2)_4\text{-O-C-}\bigcirc\text{-C-]}_m\text{[O-(CH}_2\text{-CH}_2\text{-CH}_2\text{-CH}_2\text{-O-)}_x\text{C-}\bigcirc\text{-C-]}_n}$$

TPEE

美国杜邦公司于 1972 年率先实现 TPEE 的工业化生产。迄今为止，杜邦公司仍是世界上产量最大、产品质量最好的厂家。

7.4.2　热塑性聚酯弹性体的结构与性能

TPEE 结构与聚氨酯弹性体和聚酰胺弹性体相似，以结晶性高熔点嵌段作为硬段，以玻璃化转变温度较低的无定形嵌段作为软段。其中聚醚软段和未结晶的硬段形成无定形相，聚酯硬段结晶形成结晶微区，起物理交联点的作用。硬段结晶作用使 TPEE 具有极高的模量，此外还具有强度高、耐曲挠、耐油、耐高温、耐压缩等特点。但由于酯基的存在，TPEE 耐酸碱、耐水性能变差。

TPEE 还表现出优良的熔融稳定性和充分的热塑性，故而具有良好的加工性，可采用各种热塑性加工工艺进行加工，如挤出、注射、吹塑、旋转模塑及熔融浇铸成型等。但是在成型加工前须在鼓风烘箱中进行干燥处理，以防止水解等问题。

7.4.3　热塑性聚酯弹性体的主要用途

TPEE 的耐压性能、蠕变性能、螺旋回弹性、耐化学性能和低燃料渗透性优异，可用于汽车安全气囊壳体、发动机进气管、传动轴防尘罩、燃料蒸汽管、液压管、充气管、气制动管、堵盖、密封盖等产品（图 7-3）。

天线　　　　　　　　　　　防护罩

发动机进气管

图 7-3　TPEE 应用

TPEE 具有良好的耐热性、弹性、蠕变性能和绝缘性能以及优异的手感，是汽车天线和手机天线的最佳选择。高硬度 TPEE 产品可以用于电子器件和玩具的细小零件，产品具有良好的形状稳定性、耐磨性和低噪声等性能。

7.5　聚酰胺类热塑性弹性体

7.5.1　聚酰胺类热塑性弹性体的组成

TPAE 是指由高熔点结晶型聚酰胺硬链段和非结晶型的聚醚或聚酯软链段组成的一类嵌段共聚物，结构式如下：

$$\left[\!\begin{array}{c}-C-(CH_2)_6-C\\ \| \qquad\quad \|\\ O \qquad\quad O\end{array}\!NH-(CH_2)_{10}-\begin{array}{c}C\\ \|\\ O\end{array}\right]_m NH-(CH_2)_6-\begin{array}{c}C\\ \|\\ O\end{array}-O\left[(CH_2)_x-O\right]_n$$

TPAE

TPAE 结构中的硬链段通常选用聚己内酰胺、聚酰胺 66、芳香族聚酰胺等，软段通常为聚乙二醇、聚丙二醇、聚丁二醇等。其制备方法通常采用两步法反应，第一步形成聚酰胺低聚物，第二步是以酯化反应为基础进行聚合。

目前世界知名的生产厂家有德国 Hüls 公司、法国 ATO 化学公司、瑞士 Emser 公司、日本油墨化学工业公司等

7.5.2　聚酰胺类热塑性弹性体的结构与性能

TPAE 具有一般弹性体的基本特性，同时保持了聚酰胺材料的基本性能和强韧性，使用温度较高。具体的性能取决于软硬段的化学组成及质量比、相对分子质量等因素。硬段的相对分子质量越小，越易结晶，导致熔点升高、力学性能增强，耐化学品性能增强；软段比例增加，使柔顺性、弹性变好；硬段的酰胺键比例增大，更易形成氢键结构，材料的强度、热性能、耐化学品性进一步提高。

由于酰胺键易水解，故在 TPAE 加工之前须在 80～110℃下干燥若干小时。加工温度也比较高，根据聚酰胺的比例不同，加工温度在 220～290℃。

7.5.3　聚酰胺类热塑性弹性体的主要用途

由于 TPAE 优异的物理力学性能，广泛应用在汽车部件、运动用品、医疗用品、电子电气等领域，如齿轮、键盘底座、减震片、滑雪鞋、医用胶管等。

TPAE 可直接制作硅橡胶、氟橡胶、丁腈橡胶、TPEE、TPU 等热塑性塑料的代替品，具有质量轻、加工周期短、成本低等特点。

7.6　乙烯-辛烯共聚热塑性弹性体

乙烯-辛烯共聚热塑性弹性体（POE）是美国 DuPont-Dow 弹性体公司于 1994 年以乙烯、辛烯为原料，采用原位聚合工艺和茂金属催化剂合成的一种新型聚烯烃弹性体材料，是乙烯和辛烯的共聚物，其中辛烯的单体超过 20%。结构式如下：

$$\left[CH_2-CH_2\right]_x\left[CH_2-CH\right]_y$$
$$\qquad\qquad\qquad |$$
$$\qquad\qquad (CH_2)_5-CH_3$$

POE

POE 中聚乙烯结晶区起到物理交联点的作用，一定量辛烯的引入削弱了聚乙烯微晶区，形成表现为橡胶弹性的无定形区。POE 有着较低的结晶度，密度小，较窄的相对分子质量分布和较低的玻璃化转变温度，这些特征使得其对无机填充物有着良好的包容性，并拥有良好的回弹性、柔韧性。此外，POE 分子主链是饱和的，因而具有优异的耐候性、耐老化性及抗紫外性能，但耐热性较差，永久变形大。

POE 可用来制作绝缘、减震材料，还可做 PP 树脂的增韧剂。

7.7　聚烯烃热塑性弹性体

聚烯烃热塑性弹性体（TPO）是用聚烯烃树脂和橡胶共混制成的由硬段相与软段相构成的聚合物共混物，通常情况下，橡胶组分为三元乙丙橡胶（EPDM）、丁腈橡胶（NBR）、丁基橡胶（IIR）及天然橡胶（NR）；聚烯烃组分主要为聚丙烯（PP）和聚乙烯（PE）。用量最大的 TPO 是以 PP 为硬链段，EPDM 为软链段制得的。由于它密度小，耐热性高达 100℃，耐候性和耐臭氧性也好，因而成为 TPE 中一类发展很快的品种。TPO 具有热塑性弹性体的一般物性，如耐热性、耐寒性优异，使用温度范围宽广；分子链饱和结构使耐候性、耐老化性能优异；但由于体系未产生交联，使其耐压缩性能差，烯烃较弱的分子结构使其耐磨性能差。

TPO 广泛应用于改性增韧 PP、PE 和 PA，在汽车工业方面的应用较多，如仪表盘（图 7-4）、垫材（图 7-5）、保险杠、缓冲器件等；大量应用于鞋材、电线电缆护套、软管、密封垫圈等产品；也用于工业用制品如胶管、输送带、防水材料（图 7-6）等。

图 7-4　仪表盘　　　图 7-5　汽车后备箱垫　　　图 7-6　防水卷材

7.8　动态硫化热塑性弹性体

TPO 硫化后的硫化弹性体称为动态硫化热塑性弹性体（TPV），是今后 TPO 的主要发展趋势。制备 TPV 的关键是动态硫化技术，即在热塑性树脂基体中混入橡胶，在与交联剂一起混炼的同时，能够使橡胶完全产生化学交联，并在高速混合和高剪切力的作用下，交联的橡胶被破碎成大量的微米级颗粒，分散在连续的热塑性树脂基体中，从而形成 TPV。

TPV 成功地把硫化橡胶的一些特性，如耐热性能和低压缩变形性能与易加工的特性结合在一起。同时，TPV 还具有较好的耐候性，优异的抗老化、抗臭氧和抗紫外线能力。在使用时，TPV 不需要再硫化，可直接通过注射、挤出、压延、吹塑等方式加工成型。

7.9 氯乙烯类热塑性弹性体

氯乙烯类热塑性弹性体包括热塑性聚氯乙烯弹性体（TPVC）和热塑性氯化聚乙烯弹性体（TCPE）。

TPVC 是为了改进软质通用型 PVC 压缩永久变形值大的缺点而出现的新型 PVC 材料。从某种意义上来说，TPVC 是软质 PVC 树脂的延伸物，因其压缩永久变形值得到很大的改善，从而具有类似橡胶的性能。

制备 TPVC 有三种途径：①合成高聚合度的 PVC 树脂，使分子间的缠结点增多，从而含有物理交联结构，在添加增塑剂的情况下，具有一定的弹性。②引入支化或交联结构，通过共聚、接枝等方式使 PVC 含有一定的支化或交联结构，赋予其弹性的性能。③将 PVC 与弹性体共混，使用量最大的为 PVC/NBR 共混制备的热塑性弹性体，现已成为橡胶与塑料共混最成功的典型产品。

TPVC 可用于制造胶管、胶板、胶布、防水面料（图 7-7）等；在汽车领域，用来制备方向盘、雨刷等部件；还大量用于制造电线、电缆护套等（图 7-8）。

图 7-7　雨衣面料

图 7-8　电缆外防护套

TCPE 是以氯化聚乙烯（CPE）为原料制备的热塑性弹性体。根据含氯量的不同，CPE 分为 CPE 橡胶和 CPE 树脂。目前，将 CPE 橡胶与 CPE 树脂共混得到的 TCPE 已经开始得到应用。此外还可以将 CPE 与其他树脂共混制备热塑性弹性体材料。

思　考　题

1. 什么是热塑性弹性体？
2. 热塑性弹性体典型的性能特点是什么？
3. 热塑性弹性体有哪些类别？
4. 热塑性弹性体如何具备了橡胶的弹性和塑料的可塑性加工的特点？
5. 讲述共聚型热塑性弹性体 SBS 的制备方法？
6. POE 的分子结构组成是什么？
7. 什么是 TPV？

第8章 可生物降解高分子材料

8.1 可生物降解高分子材料概述

8.1.1 可生物降解高分子材料定义

可生物降解高分子材料是指在一定时间和一定的温度、湿度条件下，能够被微生物（细菌、真菌、藻类）或其分泌物在酶或化学分解作用下降解成二氧化碳和水等无机小分子的高分子材料。

8.1.2 可生物降解高分子材料特点

可生物降解高分子其实是相对于前面介绍的聚烯烃、聚酯、热固性塑料等仅能在光和热的作用下在自然界中极其缓慢降解的高分子材料所提出的。而生物降解高分子材料能够在适宜条件下，被微生物逐渐降解成为二氧化碳、水等物质，因而不会对自然界的自然循环过程产生不利影响，从而避免了普通高分子材料自然条件下降解周期极长的问题，消除这类高分子材料影响动植物生产、干扰自然循环的缺点。

尽管可生物降解高分子材料可以在自然过程中降解，但这也是相对于降解缓慢的聚烯烃等塑料材料而言的，并不意味着可以将其随意丢弃到自然环境中，在实际应用中应该将这类材料进行分类回收后，通过堆肥等自然微生物降解过程，对其进行无害化处理。不在特定的回收处理条件下，其降解的时间将会延长，当这类材料被大量的丢弃于环境中时，仍然会导致环境污染。

8.1.3 可生物降解高分子材料种类

可生物降解高分子包括三类化合物：第一类是天然高分子材料及其改性产物，如淀粉、木质纤维素、甲壳质、蛋白质等天然产物，能够在环境中由微生物直接降解并再次参与自然循环过程；第二类是采用微生物发酵法合成的聚酯和多糖，具有代表性的如聚羟基烷酸酯（PHA），这一类材料也能够由微生物直接分解转化成二氧化碳和水；第三类是化学合成法制备的可生物降解高分子材料，如聚乳酸（PLA）、聚-ε-己内酯（PCL）、聚丁二酸丁二醇酯（PBS）、聚甲基乙撑碳酸酯（PPC）和聚乙烯醇（PVOH），这一类高分子虽然由人工化学合成，但也可以在环境中全部降解为二氧化碳和水，由于其制备工艺简便、产量高，已经成为可生物降解高分子材料中的主要品种。

8.1.4 可生物降解高分子材料降解机理

微生物对可生物降解高分子进行降解，主要发生三个作用过程：①物理机械破坏分子断裂：微生物在侵蚀可生物降解高分子过程中，由于细胞增大，会使高分子材料产生物理过程机械性破坏。②酶水解断链：微生物分泌水解酶与被降解材料表面结合，通过酶催化水解使高分子链断裂，生成相对分子质量小于 500 的分子碎片。③分子碎片消化利用：分子碎片被微生物摄入体内，经过微生物体内新陈代谢，转化成微生物所需的能量和物质，最终转化成水和二氧化碳。

8.2 聚 乳 酸

8.2.1 聚乳酸概述

8.2.1.1 聚乳酸简介

聚乳酸 [$H(OCHCH_3CO)_nOH$] 是以乳酸为原料聚合得到的高分子材料，是一种可生物降解材料，英文名称 Polylactic acid，简称 PLA。聚乳酸制成的产品除能生物降解外，生物相容性、光泽度、透明性、手感和耐热性好。聚乳酸也称为聚丙交酯，属于聚酯家族，其结构式如下：

$$\left[O-CH-C\right]_n$$

PLA

8.2.1.2 PLA 一般物性

① 为浅黄色或透明的物质（图 8-1）。

图 8-1 聚乳酸粒料

② 密度：$1.20\sim1.30kg/m^3$。

③ 熔点：$155\sim185℃$。

④ 玻璃化转变温度：$60\sim65℃$。

⑤ 拉伸强度：$40\sim60MPa$。

⑥ 断裂伸长率：$4\%\sim10\%$。

⑦ 热稳定性好，加工温度 $170\sim230℃$。

⑧ 有好的抗溶剂性。

8.2.1.3 PLA 发展历史

1932 年 DuPont 公司的 Carothers 等证实，采用乳酸的环状二聚体-丙交酯开环聚合的方法可以制备几千相对分子质量的聚乳酸，但其力学性能很差，不具有实用价值。1954 年 DuPont 公司又对这一技术进行改进，制备了较高相对分子质量的聚乳酸，这也是目前聚乳酸生产企业广泛应用的丙交酯开环聚合技术（二步法）。1987 年，Leenslag 等研制出高相对分子质量的聚乳酸，其机械强度有很大的改善。早期聚乳酸的价格较高，主要被用在医用领域。但是，自 1986 年起，Battelle 公司和 DuPont 公司各自开始把聚乳酸作为日用塑料进行生产和加工技术研究。1997 年，美国嘉吉与陶氏化学合资创立了嘉吉陶氏（Cargill-Dow）公司（后更名为 NatureWorks 公司），于 2001 年兴建了 7 万 t 聚乳酸厂，正式实现了聚乳酸大规模工业化生产。

8.2.1.4　PLA 生产现状

目前全球聚乳酸年生产能力约 30 万 t，产量约 20 万 t，生产企业主要包括美国 NatureWorks，法/荷 Total-Corbion，中国的中粮集团、浙江海正、恒天集团等。

2014 年全球聚乳酸市场需求量约为 11 万～12 万 t，预计至 2020 年聚乳酸市场将达到 30 万～50 万 t。

8.2.2　聚乳酸的合成工艺

目前聚乳酸的合成主要有两条方法：丙交酯开环聚合方法和直接缩聚法。

（1）丙交酯开环聚合法　开环聚合法是先将乳酸缩聚为低聚物，低聚物在高温、高真空等条件下发生分子内酯交换反应，解聚为乳酸的环状二聚体——丙交酯。丙交酯经过精制提纯后，由引发剂如辛酸亚锡、氧化锌等化合物催化开环聚合物得到高相对分子质量的聚合物。

第一步：乳酸经脱水环化制得丙交酯。

第二步：丙交酯经开环聚合制得聚丙交酯-聚乳酸。

到目前为止，共有 3 种丙交酯开环聚合的反应机制，分别为阴离子开环聚合、阳离子型开环聚合、配位开环聚合。

（2）直接缩合聚合　乳酸同时具有-OH 和-COOH，是可以直接缩聚的，采用高效脱水剂和催化剂使乳酸或乳酸低聚物分子间脱水缩合成高分子质量聚乳酸。

采用直接法合成的聚乳酸，原料乳酸来源充足，大大降低了成本，有利于聚乳酸材料的普及，但该法得到的聚乳酸相对分子质量较低，机械性能差。

8.2.3　聚乳酸的种类与性能特点

聚乳酸的单体是 2-羟基丙酸（乳酸），其结构是脱水乳酸单元的不断重复，由于在乳酸的分子结构中含有一个不对称的碳原子，从而具有旋光性，乳酸有两种旋光异构体，左旋乳酸及右旋乳酸，结构式如下：

左旋乳酸　　　　　右旋乳酸

由于单体的结构不同，故聚乳酸也存在着几种旋光异构体，主要包括：左旋聚乳酸（PLLA）、右旋聚乳酸（PDLA）和外消旋聚乳酸（PDLLA）。结构决定性质，PLLA和PDLA均是半结晶性的聚合物，具有较高的拉伸强度，但其冲击韧性较差，断裂伸长率较低，降解吸收速度慢；而PDLLA是非结晶性聚合物，其拉伸强度明显低于前者，但其降解速度较快。

8.2.4　聚乳酸的加工方法

现阶段聚乳酸材料的若干加工成型方法主要包括注射成型、热压法成型、纺丝成型、吹塑成型、发泡成型和电纺丝成型。

聚乳酸的热压加工温度一般为160℃左右，它的低热传导性导致其冷却周期较长，热压成型时一般都是采用前期热压、后期快速冷压的办法来加快生产周期。

8.2.5　聚乳酸的主要应用领域

聚乳酸除了良好的生物可降解性之外，还具有很多的优良性能。相比于传统生物可降解塑料，聚乳酸拥有可媲美一般石化合成塑料的强度和透明度，因而可广泛用于制造各种应用产品。

（1）生物医用领域　生物医用领域是聚乳酸最早开展应用的领域（图8-2）。聚乳酸对人体有高度安全性并可被组织吸收，加之其优良的物理机械性能，因此可应用在生物医药领域，如一次性输液工具、免拆型手术缝合线、药物缓解包装剂、人造骨折内固定材料、组织修复材料、人造皮肤等。高相对分子质量聚乳酸有较高的力学性能，在欧美等国家已被用来替代不锈钢，作为新型的骨科内固定材料（如骨钉、骨板）被大量使用，其可被人体吸收代谢的特性使病人免受二次开刀之苦。该技术附加值高，是生物医药领域最具发展前景的高分子材料。

图8-2　聚乳酸医用材料

（2）包装材料领域　通过熔融挤出、注塑、吹塑、发泡及真空成型等不同的加工方式，可将聚乳酸制备成各种形状的制品，主要有薄膜、瓶子、托盘和发泡材料等（图8-3）。这些制品具有高的透明度和光泽性、透气性、高模量、完全折叠性和缠结保持力、低温热封性和易开性、柔软性等特性，主要被用作食品容器、热收缩包装、透气包装、保香包装、购物袋、垃圾袋等。

图 8-3　聚乳酸可降解餐盒、纸杯与包装袋

（3）纤维纺织领域　聚乳酸具有优良的可纺性，其纤维制品具有安全性、透气性、吸湿性、阻燃性、抗紫外线稳定性等优点，同时聚乳酸纤维可以制成圆截面的单丝或复丝、三叶形截面的丙纶膨体长丝（BCF，可用于织造地毯和毛毡）、卷曲或非卷曲的短纤维、双组分纤维、纺粘非织造布和熔喷非织造布等，因此聚乳酸纤维被应用在服装市场、家庭装饰市场、非织造布市场、双组分纤维、卫生及医用领域，如图8-4为聚乳酸材料纺织而成的毛巾。

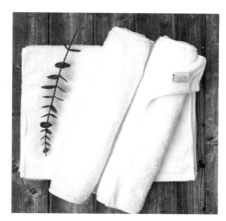

图 8-4　聚乳酸毛巾

（4）农业领域　聚乳酸的可塑性和物理加工性能良好，可以将其加工成农用薄膜（图8-5），用来弥补传统农用地膜不可降解的缺陷。对比研究在聚乳酸与聚乙烯地膜覆盖下棉花的生长，发现聚乳酸地膜在20天左右开始降解，在棉花收获期降解面积能达到80%左右，并且降解地膜表现出较好的保温性能。对比研究聚乳酸与聚乙烯地膜对西瓜种植的影响，试验表明聚乳酸地膜具有可降解性且不会造成环境污染，覆盖聚乳酸

地膜能够促进西瓜的生长发育。

图 8-5 聚乳酸大棚膜

（5）工程塑料领域 从长期使用的角度考虑，人们尝试将聚乳酸改性，应用到如电子电气产品、办公自动化机器、通信材料和汽车内饰品等领域。聚乳酸与其他树脂、无机材料等进行多元共混复合，可以生产成具有物理性能优异的新塑料"合金"，这些材料具有优良的抗静电、尺寸稳定性、撕裂强度、压缩强度、拉伸强度、抗冲击强度等性能，因此被广泛用于制造电脑部件、手提笔记本外壳、手机零部件（图 8-6）、影碟机壳体、光盘及家电零部件、汽车配件等。

图 8-6 聚乳酸手机壳

8.3 聚羟基烷酸酯

8.3.1 聚羟基烷酸酯概述

8.3.1.1 聚羟基烷酸酯的简介

聚羟基烷酸酯（Polyhydroxyalkanoates，PHA 或 PHAs），是微生物在碳源充足而其他营养元素（如磷、氮、硫等）缺乏的条件下，在细胞质内合成的一类作为碳源和能源储藏物质的聚酯，一种 PHA 的粒料如图 8-7 所示。PHA 的结构通式如下所示，$m =$ 1、2、3，其中 m 为 1 最常见，而 n 可以为数百到数千不等。R 一般为 H 或者 C1～C13 的烷基链，少数带芳环、卤原子等基团。

$$\text{[CH—(CH}_2\text{)}_m\text{—C—O]}_n \quad R=\begin{cases} H,\ CH_3,\ C_2H_5 & \text{热塑体} \\ C_3H_7 \sim C_{13}H_{27} & \text{弹性体} \end{cases}$$

PHA

图 8-7　聚（3-羟基丁酸酯-3-羟基戊酸酯）粒料

8.3.1.2　聚羟基烷酸酯的一般物性

在自然条件下可完全生物降解。有氧条件下，完全降解成水和 CO_2；厌氧条件下，被微生物降解成甲烷。

短链 PHA 结晶度较高，表现出硬而强的塑料特性，但是韧性较差；中长链 PHA 结晶度较低，表现出软而韧的弹性。PHA 具有良好的生物相容性，可用于医用植入材料应用。易水解，热稳定性较差，材料加工周期长，加工窗口窄。

8.3.1.3　聚羟基烷酸酯的发展历史

1925 年，法国巴斯德研究所的 Lemoigne 在巨大芽孢杆菌中发现并确定了 3-羟基丁酸酯的均聚物，简称 PHB，也是目前最主要的 PHA 产品之一。直到 20 世纪 70 年代，英国 ICI 公司才利用天然土壤微生物，通过发酵的方法开发生产 PHB 产品。如今，国内外已经相继建立了 20 多家与 PHA 生产相关的公司，我国有 8 家，其总产能超过 1.5 万 t，可以提供国际市场上所有 PHA 类型。

8.3.2　聚羟基烷酸酯的分类

PHA 具有 100 多种单体结构。按照 PHA 单体组成，大致分为：①短链 PHA，其组成单体含 3～5 个碳原子。②中长链 PHA，其组成单体含 6～16 个碳原子。③由短链和中长链单体共聚形成的 PHA。

按照单体单元的键接方式，PHA 可分为均聚 PHA、无规共聚 PHA 和嵌段共聚 PHA。

8.3.3　聚羟基烷酸酯的合成

微生物发酵是获得 PHA 的主要途径，在自然条件下，微生物细菌中的 PHA 含量少，仅为 1%～3%，在控制 N、P、S 元素及一些矿物离子的补给，并且提供相应的碳源的条件下，一些细菌会生成大量的 PHA 产物，如图 8-8，当细菌存积的 PHA 成分达到它们体重的约 80％时，用蒸汽把这些细胞冲破，然后把塑料收集起来，提纯后得到 PHA 产品。为了降低生产成本，实现工业化生产，筛选更高产的菌株和利用廉价碳源来合成 PHA 是近年来的研究重点。

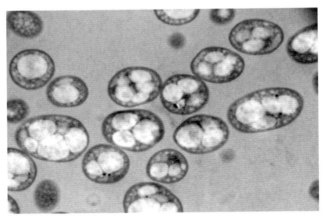

图 8-8　微生物生成 PHA 示意图

8.3.4　聚羟基烷酸酯的品种与性能特点

目前，工业化的 PHA 品种主要包括：聚 3-羟基丁酸酯（PHB）、聚（3-羟基丁酸酯-3-羟基戊酸酯）（PHBV）、聚（3-羟基丁酸酯-3-羟基己酸酯）（PHBH）、聚（3-羟基丁酸酯-4-羟基丁酸酯）（P3/4HB）等，结构式如下：

$$PHB \quad \left[\text{CH}-\text{CH}_2-\overset{\text{CH}_3}{\underset{\text{O}}{\text{C}}}-\text{O} \right]_n$$

$$PHBV \quad \left[\text{CH}-\text{CH}_2-\overset{\text{CH}_3}{\text{C}}-\text{O} \right]_n \left[\overset{\text{O}}{\text{C}}-\text{CH}_2-\overset{\text{C}_2\text{H}_5}{\text{CH}}-\text{O} \right]_m$$

$$PHBH \quad \left[\text{CH}-\text{CH}_2-\overset{\text{CH}_3}{\text{C}}-\text{O} \right]_n \left[\overset{\text{O}}{\text{C}}-\text{CH}_2-\overset{\text{C}_3\text{H}_7}{\text{CH}}-\text{O} \right]_m$$

$$P3/4HB \quad \left[\text{CH}-\text{CH}_2-\overset{\text{CH}_3}{\text{C}}-\text{O} \right]_n \left[\overset{\text{O}}{\text{C}}-(\text{CH}_2)_3-\text{O} \right]_m$$

PHB 是 PHA 家族中研究最广泛的一位成员，生物相容性、疏水性等性能良好；PHBV 生物相容性良好，降解性优异，结晶度高；PHBH 的弹性和塑性较好，机械性能比 PHB 更加优异。

8.3.5　聚羟基烷酸酯的加工方法

以典型的 PHB 及 PHBV 为例，两种材料有较明显的剪切变稀现象，因此加工温度较窄，加工困难。加工温度过高时，其黏度迅速下降，水状流延现象严重；加工温度过低，挤出、注射困难。PHB 和 PHBV 注塑和挤出的工艺如表 8-1、表 8-2 所示。

表 8-1　　　　　　　　　　　　　**PHB 和 PHBV 注塑工艺条件**

材料	注射温度/℃				注射压力/%	注射速度/%	注射压力/%	保压时间/s
	1 段	2 段	3 段	4 段				
PHB	170	165	165	150	45	40	40	1
PHBV	175	170	170	160	50	45	45	1.5

注：1 段为喷嘴段，2、3、4 段分别为从喷嘴到加料斗之间的各段；注射压力、注射速度以及保压压力的单位皆为%，其数值大小为占注射机额定压力或额定速度的百分比。

表 8-2　　　　　　　　　　　　　**PHBV 的挤出工艺条件**

挤出温度/℃								螺杆转速/(r/min)
1 段	2 段	3 段	4 段	5 段	6 段	7 段	机头	
120	125	125	130	130	135	140	140	10

挤出成型时的温度对 PHB 和 PHBV 影响相似，只是 PHB 的挤出温度比 PHBV 稍高，一般是 3～5℃。

8.3.6　聚羟基烷酸酯的主要应用领域

PHA 广泛应用于包装、组织工程、人体植入材料、医药、农业等领域。可作为食品包装材料；可作为组织工程支架，如心血管、软骨、食管等；也可用于药物载体材料实现药物的缓慢释放；还可用于可降解农用地膜等。

8.4　聚 己 内 酯

8.4.1　聚己内酯概述

8.4.1.1　聚己内酯简介

聚己内酯（Polycaprolactone，PCL）指的是聚 ε-己内酯，是由 ε-己内酯开环聚合制得的可降解高分子材料，无毒，在土壤中可被霉菌降解，因此 PCL 具有较好的生物降解性能；同时，PCL 是一种很好的医用高分子材料，广泛用作药物的载体及缓释剂，其结构式如下：

$$\left[O-(CH_2)_5-\overset{\displaystyle O}{\overset{\displaystyle \|}{C}} \right]_n$$

PCL

8.4.1.2　PCL 一般物性

（1）外观为白色颗粒（图 8-9），是一种半晶型的高聚物。

（2）密度　25℃下为 1.146g/cm³。

（3）无毒，不溶于水，易溶于多种极性有机溶剂。

（4）高结晶性　T_g 为 -60℃，非常柔软，具有极大的伸展性。

（5）低熔点性　熔点为 60～63℃，可在低温成型。

图 8-9   PCL 粒料和线材

8.4.1.3   PCL 的发展历史和主要生产商

早在 1950 年，Carothers 等就合成了高相对分子质量的内酯聚合物，为之后内酯的聚合研究奠定了基础。

国外 PCL 生产企业主要有：日本大赛璐公司、美国 UCC 公司、美国 Union Carbide（其产品商品名为 Tone）、日本 JSP 公司、德国巴斯夫公司、美国陶氏化学。日本大赛璐对 PCL 的研究起于 20 世纪 80 年代，是亚洲最大的 PCL 生产商。目前中国石化巴陵石化公司（简称巴陵石化）正常生产 PCL，装置生产规模为 200 吨/年。

8.4.2   聚己内酯的合成

$$n\ \overset{O\quad O}{\diagup}\ \longrightarrow\ +O-(CH_2)_5-\overset{\overset{O}{\parallel}}{C}+_n$$

PCL 是在钛催化剂和引发剂作用下由 ε-己内酯开环聚合制得的可降解高分子材料。一般多采用辛酸亚锡或双金属氧桥烷氧化物为引发剂。开环聚合温度一般在 90℃以上。

8.4.3   聚己内酯的结构与性能

（1）结晶性与可加工性   PCL 其重复的结构单元上有五个非极性的亚甲基—CH₂—和一个极性的酯基—COO—，分子链中的 C—C 键和 C—O 键能够自由旋转，结晶性强，且具有很好的柔性和加工性。

（2）亲水性   五个亚甲基的存在使得 PCL 的亲水性较差，不利于主链酯基水解反应的发生。

（3）生物相容性   由于酯基的存在，PCL 在体内与生物细胞相容性很好，细胞可在其基架上正常生长，并可降解成 CO_2 和 H_2O。

（4）生物降解性   在土壤和水环境中，6～12 个月可完全分解成 CO_2 和 H_2O。

（5）相容性   可与 PE、PP、ABS、AS、PC、PVAC、PVB、PVE、PA、天然橡胶等很好地相容。

（6）溶剂溶解性   能在芳香化合物、酮类和极性溶剂中很好地溶解，不溶于正己烷。

（7）形状温控记忆性   有形状记忆性，具有初始形状的制品，经形变固定后，通过加热等外部条件刺激的处理，又可使其恢复初始形状的现象。

8.4.4　聚己内酯的加工方法

PCL 可以与许多聚合物进行共聚和共混，采用注塑、吹塑、挤出、拉丝、吹膜等方法加工。但 PCL 的熔点低，只有 60℃左右，因此，耐热变形性较差。

PCL 中含易吸水的酯基结构，在加工前需进行干燥处理。由于 PCL 的软化点为 60～70℃，因此干燥温度在 50℃左右。

未改性的 PCL 材料注塑成型时，工艺温度约 120℃；如果在 120～180℃范围内成型，制品的记忆性明显下降。吹塑成型工艺温度在 70～120℃范围内，与挤出工艺温度相同。

8.4.5　聚己内酯的主要应用领域

（1）可控释药物载体、细胞、组织培养基架。

（2）完全可降解塑料手术缝合线。

（3）高强度的薄膜丝状成型物（图 8-10）。

（4）塑料低温冲击性能改性剂和增塑剂。

（5）医用造型材料、工业、美术造型材料、玩具、有机着色剂、热复写墨水附着剂、热熔胶合剂。

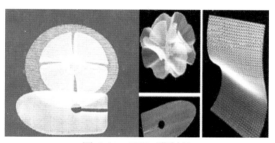

图 8-10　PCL 膜制品

8.5　聚丁二酸丁二醇酯

8.5.1　聚丁二酸丁二醇酯概述

8.5.1.1　聚丁二酸丁二醇酯简介

聚丁二酸丁二醇酯（Polybutylene succinate，PBS），由丁二酸和丁二醇经缩聚反应合成而得，是一种性能优良的可生物降解的聚酯材料。PBS 在干燥环境中稳定，但在泥土、海水及堆肥中能实现完全无害降解，其结构式如下：

$$\left[O-(CH_2)_4-O-\overset{O}{\overset{\|}{C}}-(CH_2)_2-\overset{O}{\overset{\|}{C}}\right]_n$$

PBS

8.5.1.2　PBS 一般物性

PBS 是乳白色颗粒（图 8-11），无异味，易被自然界的多种微生物或动植物体内的酶分解、代谢，最终分解成二氧化碳和水，是典型的可完全生物降解聚合物材料，具有良好的生物相容性和生物可吸收性。

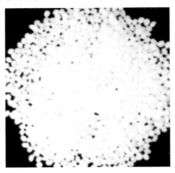

图 8-11　PBS 树脂

PBS 的密度 $1.26g/cm^3$，熔点 114℃，根据相对分子质量的高低和相对分子质量分布的不同，结晶度在 30%～45%。

8.5.1.3　PBS 的发展历史

早在 20 世纪 30 年代，Carothers 制备出了相对分子质量小于 5000 的 PBS，无法实际应用。1993 年，日本昭和高分子公司建立了一套年产 3000 吨 PBS 及其共聚物的半商业化生产装置，商品名为 Bionolle。

目前，国外 PBS 主要生产厂家为美国杜邦公司、日本昭和高分子与三菱化学、德国巴斯夫公司，国内 PBS 生产规模较大的安徽安庆和兴化工公司、杭州鑫富药业、江苏邗江佳美高分子材料、山东汇盈新材料等。

8.5.2　聚丁二酸丁二醇酯的合成工艺

（1）直接酯化法　丁二酸和 1,4-丁二醇在低温下脱水形成羟基封端的低聚物，然后在高温、高真空和催化剂存在下脱去二元醇，即可得到较高相对分子质量的 PBS。

（2）酯交换法　以丁二酸二甲酯或二乙酯和 1,4-丁二醇为原料，在催化剂存在下，经高温、高真空脱甲醇或乙醇制备 PBS。

8.5.3　聚丁二酸丁二醇酯的综合性能

（1）耐热性能　PBS 是完全可生物降解聚酯中耐热性较好的品种之一，热变形温度接近 100℃，可改性提高至 100℃以上，以满足日常用品的耐热需求，如冷热饮包装与餐盒。

（2）力学性能　具有同 PE、PP 相近的力学性能。

（3）可降解性能与化学稳定性　在自然环境中会被微生物及动植物的生物酶所分解，最终分解为二氧化碳和水；PBS 在正常储存条件下十分稳定，对内容物与外界环境中的水、氧气、二氧化碳及其他化学物质的腐蚀作用有较好的抵抗能力。

8.5.4　聚丁二酸丁二醇酯的加工性能

PBS 具有优异的加工性能，可以进行注塑、挤出和吹塑等各类成型加工，加工温度在 160～200℃。

可加入碳酸钙、淀粉等填料制造成填充可降解材料，降低成本。

8.5.5　聚丁二酸丁二醇酯主要用途

PBS 主要用作可降解包装材料、填充改性日常用品。由于 PBS 良好的成膜性与可降解性，可以作为农用薄膜以及种植用器皿和植被网（需加入柔性组分改善脆性）。PBS 还可作为纺织材料纺丝加工，其良好的生物相容性和可降解性在医用制品中有广泛前景。

8.6　聚甲基乙撑碳酸酯

8.6.1　聚甲基乙撑碳酸酯概述

8.6.1.1　PPC 的简介

聚碳酸 1,2-丙二酯又称为聚甲基乙撑碳酸酯（Polypropylene carbonate，PPC），是二氧化碳与环氧丙烷的交替共聚物，在食品包装、生物医用材料、复合材料以及工程塑料等方面有很大的应用潜力。但是其分子链为柔性脂肪族碳酸酯结构，玻璃化转变温度较低（30～46℃），且为非结晶聚合物，所以其力学和热性能较差。通过与无机填料、天然高分子或其他可降解塑料共混可改善 PPC 的加工性能，拓宽其使用范围，PPC 的结构式如下：

$$HO \left[CH_2 - \underset{\underset{CH_3}{|}}{CH} - O - \underset{\underset{O}{\|}}{C} - O \right]_n H$$

PPC

8.6.1.2　PPC 一般物性

（1）PPC 为无定形乳白色固体（图 8-12）。

图 8-12　PPC 颗粒

177

（2）玻璃化温度 $30 \sim 46℃$，密度 $1.3 \sim 1.4g/cm^3$，热变形温度 $140 \sim 150℃$，热分解温度 $180 \sim 200℃$。

（3）PPC 对氧气、水都有较高的阻隔性。

（4）PPC 可溶于极性溶剂，如低级酮、乙酸乙酯、二氯甲烷和氯代烃，不溶于醇类、水和脂肪烃等溶剂。

8.6.1.3　PPC 发展历史

1969 年日本学者井上祥平首先以 $ZnEt/H_2O$ 作催化剂，利用二氧化碳和环氧丙烷合成出 PPC，随后各国科学家先后开发出多种催化剂来提高共聚反应的催化效率，推进 PPC 合成的工业化进程。1997 年，中国长春应用化学研究所与吉林石化研究院合作首次合成了相对分子质量较高的二氧化碳-环氧丙烷共聚物。美国 Air Products&Chemical 公司和 Dow 公司已合成出相应的产品。

8.6.1.4　PPC 当前市场状况

到目前为止，只有美国、日本和韩国等生产二氧化碳降解塑料。我国每年 PPC 需求量巨大，但生产能力不足。从事 PPC 的生产研究主要包括河南天冠集团有限公司、中国海洋集团、内蒙古蒙西集团等。

8.6.2　聚甲基乙撑碳酸酯的合成工艺

PPC 以二氧化碳与环氧丙烷为单体，在催化剂作用下交替共聚制得。反应式如下：

$$CH_3\!-\!CH\overset{O}{\diagup\!\!\!\diagdown}CH_2+CO_2 \longrightarrow HO\!-\![CH_2\!-\!\underset{CH_3}{\overset{}{CH}}\!-\!O\!-\!\overset{O}{\underset{}{C}}\!-\!O]_n H$$

8.6.3　聚甲基乙撑碳酸酯的结构与性能的关系

PPC 主链为柔性脂肪族基团，醚键链段提高了分子链的柔性，使玻璃化转变温度降低，PPC 的强度和硬度较低，不适合作为工程塑料使用，但具有优良的抗冲击性能。

PPC 分子链间相互作用力小，表现为非晶态的无定形聚合物，热性能较差，制品高温尺寸稳定性差，高温下强度迅速下降、低温下脆性增加。

8.6.4　聚甲基乙撑碳酸酯的主要应用领域

PPC 主要用于生物医用材料、食品包装、复合材料等方面。PPC 由于具有生物降解性和相容性好、抗冲击强度高、无毒等优点，在医用材料、胶黏剂等方面具有较好的应用前景。PPC 的光降解性和水氧阻隔性能也使其在食品包装、农用地膜等领域具有应用前景。

参 考 文 献

[1] 王澜，王佩璋，陆晓中. 高分子材料［M］. 北京：中国轻工出版社，2009.

[2] 王荣伟，杨为民，辛敏琦，等. ABS 树脂及其应用［M］. 北京：化学工业出版社，2011.

[3] 田升江. 2014 年中国聚氯乙烯市场分析及前景展望［J］. 中国石油和化工经济分析，2015，212（08）：57-59.

[4] 颜才南，胡志宏，曾建华. 聚氯乙烯生产与操作［M］. 北京：化学工业出版社，2014.

[5] 朱建民. 聚酰胺树脂及其应用［M］. 北京：化学工业出版社，2011.

[6] 邓如生，魏运方，陈步宁. 聚酰胺树脂及其应用. 北京：化学工业出版社，2002.

[7] 孙春福，陆书来，宋振彪，等. ABS 树脂现状与发展趋势［J］. 塑料工业，2018，46（2）：1-5.

[8] 王克勤. 塑料注射成型工艺与设备［M］. 北京：中国轻工业出版社，1997.

[9] （日）羽田武荣. 热塑性塑料及其注塑［M］. 郭翠英译. 北京：化学化工出版社，1991.

[10] 吴利英. 碳酸酯的注射成型工艺［C］. 塑料助剂和塑料加工应用技术研讨会论文集，2003.

[11] 陈兰辉，白帆. 光气法生产聚碳酸酯的工艺流程［J］. 合成材料老化与应用，2013，42（1）：28-33.

[12] 郭宝华，徐晓琳，徐永祥，等. 光盘级聚碳酸酯（PC）的回收利用技术［J］. 塑料，2007（1）：1-9.

[13] 张亦豪. 聚碳酸树脂的合成、成型加工及发展趋势. 沈阳化工，1999.

[14] 焦昌. 改性聚碳酸酯的力学及其他性能研究［D］. 北京化工大学，2014.

[15] 饶国瑛，南爱玲，杜振霞. 聚碳酸酯结构及热稳定性研究［J］. 北京化工大学学报（自然科学版），1999（3）：76-78.

[16] 黄丽. 高分子材料［M］. 北京：化学工业出版社，2005.

[17] 魏家瑞等. 热塑性聚酯及其应用［M］. 北京：化学工业出版社，2011.

[18] 胡任之. 聚砜树脂的发展动态［J］. 上海化工，2013（38）：22-24.

[19] 白玉光，孙欲晓，刘彬. 聚酰亚胺的生产及市场［J］. 化工科技，2011，19（1）：77-80.

[20] 周建军，张红岩. 环氧树脂产品与环保标准综述［J］. 中国石油和化工标准与质量，2016，36（17）：5-8.

[21] 王德中. 环氧树脂生产与应用［M］. 北京：化学工业出版社，2001.

[22] 黄发荣. 酚醛树脂及其应用［M］. 北京：化学工业出版社，2011.

[23] 付政. 橡胶材料及工艺学［M］. 北京：化学工业出版社，2013.

[24] 李继新，郭立颖，赵新宇. 高分子材料应用基础［M］. 北京：中国石化出版社，2016.

[25] 付政. 橡胶材料性能与设计应用［M］. 北京：化学工业出版社，2003.

[26] 杨鸣波，唐志玉. 高分子材料手册［M］. 北京：化学工业出版社，2009.

[27] 陆刚. 氟橡胶结构特点及其应用和发展探源［J］. 化学工业，2014，32（7）：32-38＋44.

[28] 任慧芳，蒋杰峰，陈伟峰. 氟橡胶生产工艺和应用前景［J］. 有机氟工业，2017（4）：36-40.

[29] 晏国秀. 丁腈橡胶产业现状分析及发展前景［J］. 化工管理，2018（6）：14.

[30] 周健，席永盛. 我国丁腈橡胶产业的现状及发展前景［J］. 合成橡胶工业，2014，37（5）：333-336.

[31] 朱熠，滕腾. 热塑性弹性体在汽车行业的应用进展［J］. 汽车工艺与材料，2014（12）：39-45.

[32] 王鉴，李延涛，于春江，等. 热塑性弹性体 POE 的应用研究进展［J］. 塑料科技，2014，42

（5）：118-122.

[33] 肖永清. 聚氨酯弹性体及其应用实例 [J]. 乙醛醋酸化工，2018（9）：26-31.

[34] 洪桂香. 热塑性聚酯弹性体高分子新材料及其应用简述 [J]. 化学工业，2017，35（1）：23-26.

[35] 赵丽娜，龚惠勤，杜影. 聚酰胺弹性体的合成与前景 [J]. 石化技术，2016，23（4）：1-3.

[36] 佟毅. 新型生物基材料聚乳酸产业发展现状与趋势 [J]. 中国粮食经济，2019（08）：49-53.

[37] Umare P S，Tembe G L，Rao K V，et al. Catalytic ring-opening polymerization of l-lactide by titanium biphenoxy-alkoxide initiators [J]. Journal of Molecular Catalysis A Chemical，2006，268（1）.

[38] 杨惠，刘文明，黄小强，等. 聚乳酸合成及改性研究进展 [J]. 合成纤维，2008（03）：1-5.

[39] 郑敦胜，郭锡坤，贺璇，等. 直接缩聚法合成聚乳酸的工艺改进 [J]. 塑料工业，2004（12）：8-10.

[40] 周迎鑫，杨楠，王希媛，等. 聚羟基烷酸酯（PHA）改性研究进展 [J]. 生物工程学报，2016，32（06）：738-747.

[41] 田频源，米钰，尚龙安，等. 聚羟基烷酸酯的研究进展 [J]. 化工进展，2009，28（3）：468-476.

[42] 黄锦标，尚龙安. 聚羟基烷酸酯的生物合成研究进展 [J]. 化工进展，2011，30（09）：2041-2048.

[43] 陈国强. 微生物聚羟基脂肪酸酯的应用新进展 [J]. 中国材料进展，2012，31（02）：7-15.

[44] 徐志娟，王广文，罗超云，等. PHB 和 PHBV 注塑挤出成型工艺研究 [J]. 塑料科技，2010，38（08）：56-59.

[45] 王斌，许斌. 聚丁二酸丁二醇酯（PBS）的现状及进展 [J]. 化工设计，2014，24（03）：3-7＋22＋1.

[46] 张世平，宫铭，党媛，等. 聚丁二酸丁二醇酯的研究进展 [J]. 高分子通报，2011（03）：86-93.

[47] 李长存，刘洪武，邓琼. 聚丁二酸丁二醇酯产业现状及技术进展 [J]. 合成纤维工业，2014，37（02）：60-63.

[48] 王鹏，张雯，皮求. 聚甲基乙撑碳酸酯的合成研究进展及应用 [J]. 山东化工，2016，45（22）：33-35.

[49] 陈柳鹏. 聚甲基乙撑碳酸酯复合材料的制备及性能研究 [D]. 2010.

[50] 王秋艳，翁云宣，许国志. 聚甲基乙撑碳酸酯的研究进展 [J]. 中国塑料，2011，25（01）：8-14.

[51] 宋鹏飞，孙文静，王荣民，等. 聚甲基乙撑碳酸酯热降解动力学研究 [J]. 西北师范大学学报（自然科学版）2011，47（06）：48-52.

[52] 孟跃中，吴静姝，肖敏，等. 可生物降解的 CO_2 共聚物的合成、性能及改性研究进展 [J]. 石油化工，2010，39（03）：13-20.

[53] 胡雪岩，高兆营，刘慧芳，等. 生物降解塑料聚己内酯改性研究进展 [J]. 工程塑料应用，2015，43（11）：108-111.

[54] 赵义平，张威媛. 可降解塑料-聚己内酯的性能研究 [J]. 广东塑料，2004，10：10-14.

[55] 黎树根，李长存. ε-己内酯产业现状及其应用 [J]. 合成纤维工业，2013，36（01）：46-49.

[56] 於秋霞，朱光明，梁国正，等. 聚 ε-己内酯的合成、性能及应用进展 [J]. 高分子材料科学与工程，2004（05）：37-40＋45.

[57] 杨安乐，孙康，吴人洁. 聚 ε-己内酯的合成、改性和应用进展 [J]. 高分子通报，2000（2）：

52-57＋64.

[58]　邢震艳，傅智盛，范志强. 丁苯橡胶的合成与应用进展［J］. 弹性体，2018，28（06）：68-73.

[59]　崔小明. 我国氯丁橡胶的供需现状及发展前景［J］. 广东橡胶，2016.

[60]　聚丁二酸丁二醇酯（PBS）行业发展前景分析. http：www. newsijie. com.

[61]　中国合成橡胶工业协会. IRSG：全球橡胶工业展望 http：//www. cnsria. org. cn/newsitem/278452530［EB/OL］.